# 低碳环保视域下的能耗控制策略研究

李 丽 著

山东省社会科学规划研究项目文丛·一般项目(10CJGJ47)
德州学院学术出版基金资助

科 学 出 版 社
北 京

# 内 容 简 介

本书以通信基站的能耗控制为例，进行能耗控制的策略研究。通信基站是整个通信网络设备运行与维护中的能耗大户。通信基站的能耗主要是指由机房空调系统引起的数额巨大的耗电量。空调系统的热环境是不确定的环境，在这种环境下，空调的频繁启停形成大量的能耗，造成高额的运行成本，降低基站能耗已成为有关部门及企业重点关注的内容。本书研究空调系统的节能，提出节能降耗问题及对策；考虑到空调系统的热环境具有不确定性，采用模糊、模糊随机等技术，研究不确定环境下的能耗控制理论与方法；提出一系列通信机房空调系统节能降耗的温度控制方法。本书能够对通信基站能耗管理的智能化起到一定的推动作用，为节能化的研究指出一个新的方法。本书在管理理论上，丰富不确定环境下的能耗决策问题的理论；在管理实际中，为能耗控制问题提供科学的定量分析模型。

本书可供从事管理科学与工程、能耗控制理论与方法研究人员、从事大型计算机中心建设、空调系统管理的工程技术人员参考。

**图书在版编目(CIP)数据**

低碳环保视域下的能耗控制策略研究 / 李丽著．—北京：科学出版社，2018.6

ISBN 978-7-03-057701-6

Ⅰ.①低… Ⅱ.①李… Ⅲ.①节能-研究 Ⅳ.①TK01

中国版本图书馆 CIP 数据核字(2018)第 122716 号

责任编辑：孙伯元 周 炜 / 责任校对：郭瑞芝

责任印制：张 伟 / 封面设计：蓝 正

科学出版社 出版

北京东黄城根北街 16 号

邮政编码：100717

http://www.sciencep.com

北京教图印刷有限公司印刷

科学出版社发行 各地新华书店经销

*

2018 年 6 月第 一 版 开本：720×1000 B5

2018 年 6 月第一次印刷 印张：10

字数：202 000

**定价：88.00 元**

（如有印装质量问题，我社负责调换）

# 前　言

我国正处于工业化、城市化的发展进程中，在未来的一段时间内，对于能源的需求是巨大的。能源消耗伴随着环境问题。根据国际能源署碳排放统计结果显示，我国已经成为世界上碳排放量最多的国家，并且碳排放量的增长速度很快。能源消耗带来的环境问题已在世界范围内引起高度重视。目前，节能减排形势十分严峻，为了可持续发展、造福人类，各个国家必须承担一定减排任务。在目前的技术水平下，减排依靠节能，节能意味着低碳。低碳环保既是中国作为“世界公民”的责任担当，也是中国可持续发展的基础。在2009年底的哥本哈根世界气候大会上，中国主动向全世界承诺了2020年减排目标。低碳发展、节能减排成为我们必须面对和解决的重要任务，也是一项难题。

从中国能源结构上来看，节能就是要发展低碳经济，发展以低能耗、低污染为基础的经济。即在可持续发展理念指导下，通过技术创新等手段，尽可能地减少煤炭、石油等高碳能源消耗，减少温室气体排放，达到经济社会发展与生态环境保护双赢。在发展的进程中节能，需要制定长远战略。近几年，国家下发了一系列加强节能和环境保护工作的决定，并制定了促进节能减排的一系列政策措施。这些政策措施，对于促进节能减排工作起到了重要作用。同时，国家层面也鼓励开展节能降耗方面的科学研究，在科技创新上加大投入，着力加强技术改造，起到节能减排的作用。

低碳节能也是企业不得不面对的课题。对于企业来说，选择节能减排、低碳环保是企业的社会责任。企业既要塑造良好的社会形象，又要降低企业运营成本，提升营利能力。为此，企业必须重视能耗控制的策略与方法，进行科技创新，如进行计量设备的投入使用、生产与运维环境的节能研发、能源消耗的管理等。

本书的研究以通信基站为例。目前国内三大移动通信运营商基站总数达600余万。通信基站能耗巨大，本书提出降低基站能耗的策略与方法，为能耗控制问题提供科学的定量分析模型。

本书利用自控系统、传感系统、人工采集等手段进行数据采集，对目前空调系统节能存在的问题进行分析，找出并分析耗电异常变化的原因，找出能耗浪费的主要原因；进行耗电量数据与相关环境数据的实时采集、监测及分析，进行能耗与相关环境数据的动态监测，对整体能耗状况进行细致分析。

空调用电量与温度变化是有一定关系的，与空调系统控制温度的设置也有一定的关系。室内温度的高低和空调机的启停也取决于室外温度。室外温度的变化常常是不确定的。空调系统是一个非线性系统，输入和输出之间很难用精确的数学模型进行描述。建立的模型要能在一定程度上实现温度与耗电量之间的非线性隐式表达。温度的多元性决定了温度对耗电量的影响是多维度的，用简单的线性模型不能对二者之间的内在关系进行客观描述，并且其非线性数学表达又十分困难，而适当的模型可以克服上述缺点并实现其非线性映射关系。

本书共 11 章，在低碳环保视域下，以通信基站为例，研究空调系统的节能。本书阐述低碳环保视域下的节能降耗问题及对策；分析并设计不确定环境下的节能系统，包括控制节能装置、节能管理信息系统结构、节能控制方法及过程，在不确定环境下，对环境、用能设备的用能时间、用能状况进行集中监控；研究通信基站空调系统热环境控制；提出一系列通信机房空调系统节能降耗的温度控制方法，包括自适应温度控制方法、基于灰色预测的模糊神经网络温度控制方法以及模糊随机气温变量的温度控制方法。本书同时研究节能方案的选择以及空调系统节能技术在其他领域中的应用等。

本书是在山东省社会科学规划项目“低碳环保视域下的通信基站能耗控制策略研究”（项目批准号：10CJGJ47）的研究成果基础上形成的。同时，也是“信息管理与信息系统”山东省特色专业、“管理信息系统的理论与方法”山东省精品课程的研究与建设成果。感谢本人的山东省社会科学规划项目研究团队、山东省特色专业及山东省精品课程团队，感谢北京斯普信信息技术有限公司的葛芸和德州学院的学生高清冉的帮助。本书受到山东省社会科学规划项目（项目批准号：10CJGJ47）以及德州学院学术著作出版基金的资助，在此表示诚挚的感谢。本书得以出版，还要感谢德州学院社科处和德州学院各位领导的鼎力支持。

在创作本书过程中，本人得到了许多老师和朋友的关心、指导、启迪、支持和帮助，在此一并表示感谢。由于作者水平有限，书中难免有不足之处，敬请各位读者批评指正。

李　丽

2017 年 4 月

# 目　录

前言
第1章　绪论 …… 1
1.1　研究背景、内容及意义 …… 1
1.1.1　研究背景 …… 1
1.1.2　研究内容及研究方法 …… 4
1.1.3　研究意义 …… 9
1.2　国内外研究现状 …… 10
第2章　低碳环保视域下的节能降耗问题及对策 …… 15
2.1　全球低碳节能的行动与节能途经 …… 15
2.2　我国在低碳节能方面所做的工作及存在的问题 …… 16
2.3　我国低碳节能方面的对策 …… 19
2.4　本书的研究 …… 21
第3章　理论基础 …… 25
3.1　不确定理论及相关方法 …… 25
3.1.1　随机变量 …… 25
3.1.2　模糊变量 …… 26
3.1.3　模糊随机变量 …… 29
3.1.4　模糊随机规划模型 …… 29
3.2　控制及优化方法 …… 31
3.2.1　模糊控制 …… 31
3.2.2　神经网络控制 …… 32
3.2.3　模糊神经网络控制 …… 35
3.2.4　遗传算法 …… 36
3.2.5　灰色系统理论 …… 40
第4章　不确定环境下的节能系统 …… 45
4.1　节能管理信息系统结构 …… 45
4.1.1　节能系统的硬件系统 …… 47
4.1.2　节能系统的软件系统 …… 49
4.2　耗电量的影响因素分析 …… 51

4.3 节能控制装置及控制规则 …… 53
4.3.1 新风/空调系统的控制规则 …… 53
4.3.2 控制逻辑分析 …… 56
4.4 节能控制过程 …… 60
4.4.1 不确定化处理及输入量确定 …… 61
4.4.2 建立耗电量的优化模型 …… 61
4.4.3 运用混合智能算法搜索最优解 …… 64
4.4.4 模型的修正 …… 64
**第 5 章 通信基站空调系统的热环境** …… 66
5.1 通信基站热环境影响因素 …… 66
5.2 热环境评价各因素隶属度函数的建立及其权重的确定 …… 68
5.2.1 各因素隶属度函数 …… 68
5.2.2 热环境评价指标权重 …… 68
5.3 通信基站热环境系统设计 …… 70
**第 6 章 空调系统的自适应温度控制方法** …… 73
6.1 通信机房的环境要求及温度控制原理 …… 73
6.2 节能降耗的自适应温度控制过程 …… 74
6.3 空调启动温度的定量决策 …… 75
6.4 应用情况 …… 77
**第 7 章 模糊神经网络温度控制方法** …… 78
7.1 温度控制系统原理 …… 78
7.2 模糊神经网络控制器的设计 …… 80
7.3 模糊神经网络的学习方法 …… 82
7.4 实验结论 …… 82
**第 8 章 基于灰色预测的模糊神经网络温度控制方法** …… 85
8.1 基于灰色预测的模糊神经网络控制结构 …… 85
8.2 灰色预测模型的建立 …… 86
8.2.1 灰色预测算法 …… 87
8.2.2 等维新信息滚动预测算法 …… 88
8.3 空调房间温度模糊神经网络控制及实现 …… 89
8.4 仿真研究 …… 91
**第 9 章 模糊随机气温变量的温度控制模型** …… 93
9.1 耗电量的影响因素分析 …… 93
9.2 模糊随机气温变量及其数学描述 …… 94

9.2.1　模糊随机室内温度的数学描述……94
9.2.2　模糊随机室外温度变化率的数学描述……95
9.3　模型的建立……96
9.4　简单模型的求解及企业实例分析……98
9.5　复杂模型的求解及企业实例分析……100
**第10章　节能方案的选择**……104
10.1　节能方案的形成……104
10.2　节能方案选择的模糊线性规划模型……106
10.3　模糊线性规划模型的求解……107
10.4　节能方案选择的实例……110
**第11章　空调系统节能技术在其他领域中的应用**……113
11.1　冷链物流的低碳节能问题……114
11.2　冷链物流的设备与技术……118
11.3　低碳供应链中的温控技术……122
11.4　冷链物流中的节能管理……126
**参考文献**……130
**附录A　国际社会应对气候变化问题制度构建重要历程**……137
**附录B　我国节能方面的有关政策文件**……139
**附录C　基站现场照片**……141

# 第 1 章　绪　　论

低碳环保不仅关系到人类的生存和发展，还关系到全球的可持续发展。节能降耗是世界各国都普遍关注的问题，也是我国发展低碳经济的战略重点，是落实科学发展观、全面建设小康社会的重大问题。本书在低碳环保视域下，以通信基站的空调系统电能耗控制为例，研究能耗控制的方法及策略，以利于行业减少自身能耗。这些能耗控制的方法及策略也可用于探索其他领域的节能减排，研究的节能技术也可应用于其他产业。

## 1.1　研究背景、内容及意义

全球环境不断恶化、能源供应日趋紧张，节能减排已经影响各国经济的发展，世界各国纷纷出台制度、政策加强能源节约。在能源紧缺的背景下，节约能源资源、提高能源效率不仅关系到我国的产业升级、经济增长方式转变的进程，还关系到国家的能源安全和经济持续增长，更关系到我国生态环境的保护和社会的可持续性发展。实现减排、建立低碳社会是全球经济发展的必然趋势，也是中国落实科学观、实现社会经济可持续发展的必然选择。党和政府对低碳环保、节能减排工作高度重视，将节约资源、低碳环保纳入了我国的基本国策。提出“节能减排”、“建设资源节约型、环境友好型社会”、“加强应对气候变化能力建设，为保护全球气候做出新贡献”、“建设美丽中国”及“绿色低碳”、“降低能耗”、“落实减排承诺”的科学发展决策，明确提出了建设生态文明，形成节约能源、资源和保护生态环境的产业结构、增长方式、消费模式的要求，将节能减排作为我国走可持续发展道路的重要战略。《中华人民共和国国民经济和社会发展第十一个五年规划纲要》(简称“十一五”规划《纲要》)和《中华人民共和国国民经济和社会发展第十二个五年规划纲要》(简称“十二五”规划《纲要》)要求单位工业增加值能耗降低 20%左右，主要污染物排放总量减少 10%。针对碳排放带来的前所未有的生存环境恶化，以及大气污染严重等问题，我国出台了一系列关于环境保护、能源消耗的政策法规，要求控制污染。

### 1.1.1　研究背景

近年来，我国经济快速发展，成就显著。目前，经济正处在高速发展的阶段，随着能源需求的不断增加，能源消耗量增长很快，碳排放量不断增加，我国已成为世界最大的碳排放国。我国不仅能源消耗量高、能源消耗量增长很快，而且能源消耗强度高、利用效率低。在能源结构方面，基本以煤炭为主、多种能源互补，一次能源生产和消费的65%左右为煤炭，而且在未来相当长的时间内仍将以煤炭为主要一次能源。根据国家统计局统计数据，我国的能源消耗量连续多年持续增长。2013年全年能源消费总量41.7亿吨标准煤。2014年全年能源消费总量42.6亿吨标准煤，占全球能源消费总量中的20%左右。2015年全年能源消费总量43.0亿吨标准煤，比2014年增长0.9%。2016年全年能源消费总量43.6亿吨标准煤，比2015年增长1.4%。

经济发展和社会生活的各个方面都离不开电，电的消耗所面临的减排压力将越来越大。根据国家统计局统计数据，2013年全年能源消费总量中的电力消费量同比增长7.5%，2015年全年电力消费量同比增长0.5%，2016年全年电力消费量同比增长5%。以空调用电为例，我国空调制冷机等用电量占全球比重较大。目前中国电机的用电量约占全国用电量的60%，其中风机、机泵、压缩机和空调制冷机的用电量分别占全国用电量的10.4%、20.9%、9.4%和6%，电机产品效率比国外先进水平低2%～3%。每年7月下旬到8月中旬，在全国持续出现大面积高温天气时，空调负荷达到最大值，占全社会最大用电负荷的1/4左右，北京、上海等中心城市超过40%，并且每年居高不下。据统计，公共建筑空调能耗在城市夏季用电中所占一般达到40%左右。以北京市为例，北京市盛夏天气空调电负荷约为350万kW，约占北京市最大供电负荷的40%。公共建筑空调耗电量按单机平均每天使用10h计算，夏季用电量(208万kW×90天×10h)达到18.7亿kW·h，约为北京市总用电量的5.4%。

用电量的增长带来了煤炭能源消耗的增加，因为煤是发电的主要资源，并且煤炭是发电的主要一次能源。在未来相当长的时间内水电占比只有20%左右，火电占比高达77%。由于大部分发电依靠火力，而煤的碳密集程度比其他化石燃料高得多，单位能源燃煤释放的二氧化碳是天然气的近两倍。因此，耗电与碳排放具有很大关系。目前我国约80%的碳排放量来源于煤炭消费，20%左右来源于石油消费，而仅有少量的碳排放量来源于天然气。我国85%的二氧化碳都是燃煤排放的，大气污染中仅二氧化碳造成的经济损失就占国内生产总值(gross domestic product，GDP)的2.2%。在1992年的联合国环境与发展大会(the United Nations Conference on Environment and Development，UNCED)上，《里约热内卢环境与发展宣言》(简称《里约宣言》)就指出，随着经济的发展，能源强度越来越大，消耗的煤炭越来越多[1]。耗电量大，碳排放量大，对环境造成的危害就大。近几年，随着科技的进步，我国能源利用效率有所提高,但与世界先进水平还有很大差距。

节约资源、环境保护是世界各国关注的问题,也是我国的基本国策[2~4]。我国对低碳及环境保护的重视程度越来越高,不仅将注意力放在传统的高耗能产业上,而且对如通信等新兴产业的碳排放及环境保护也非常重视。近几年,通信行业用电量大幅度增加,我国整个通信行业年耗电量超过300亿kW·h。通信行业成为减排的重要领域。国务院国有资产监督管理委员会2010年3月发布了《中央企业节能减排监督管理暂行办法》(第23号),将电信运营企业从节能一般企业提升到关注企业,对电信运营商节能工作实行更加严厉的考核。

电信运营企业的能耗主要包括日常运作用电和通信网络用电两部分,其中,通信网络用电占主要部分。以通信基站为例,我国移动通信基站数量很多,根据2017年10月统计数据,国内三大移动通信运营商基站总数达600余万。随着第四代(4G)移动通信网建设的启动,国内还将建设数以万计的4G基站。随着通信企业的运营网络与用户的不断扩大,通信运营商的基站数量逐年增多。通信基站机房内有大量交换设备和传输核心设备,这些设备常年运行,发热量高,通信基站机房对于温湿度和空气洁净度等指标都有强制性要求。机房内电源设备、传输设备、交换设备和数据设备等都是发热体,要保持机房内一定的工作环境温度,这些基站内都设有空调及中央控制系统,在无人值守状态下,一年四季根据外界气候情况,使室内保持相对稳定的机器适宜温度,以提高电信设备的运行效率和使用寿命。由于大量使用空调,耗电量居高不下。目前,通信运营业节能形势严峻。

基站通信机房能耗主要包括空调能耗、风机能耗以及不可预测的其他能耗。其中空调能耗在整个能耗中所占的比例最大。在为数众多的局(站)(机房/模块局/接入网站点/一体化机房)中,空调用电基本上占其企业用电的45%左右。根据调查了解,在精密空调机房中,仅精密空调运行耗电就占其耗电总量的40%以上。国家对电信运营商节能工作实行严格的考核,为此,各电信运营商都面临着在提高基站设备运行效率的同时,降低空调耗电量的问题。

物流行业也存在耗电量高的问题。随着我国城乡居民的消费能力和消费水平不断提高,居民对农产品的新鲜度、营养价值、销售价格等多方面提出新要求,对食品安全的要求也越来越高。研究和实践表明,低温可以有效延长生鲜农产品的保质期。适当低温环境可以抑制一般的腐败菌和病原菌的发育,抑制生鲜农产品的呼吸作用和蒸腾作用,减少营养成分的消耗和水分蒸发,延缓衰老变质过程。为保障农民增收和居民的消费需求,装备有空调系统的农产品冷链物流设备在我国得到了广泛应用。近年来,政府大力推动冷链物流,因此冷链物流也成为企业大力发展的领域。

将生鲜农产品，即新鲜的禽、蛋、肉、水产品、水果、蔬菜等从产地获得后，依靠低温物流链（低温加工、低温运输、低温装卸、低温存储、低温销售等）实现从田间到餐桌的生产和消费的全程对接，建立全程的产品品质追溯系统，在产品的采收、储藏、加工、运输、分销、零售等环节，保证产品品质及质量安全，并减少损耗、防止污染，这种特殊的供应链系统就要依靠空调系统。农产品在在储存过程中的温度控制成为一个重要问题，而低温控制需要消耗大量的能量，如何减少能量消耗也是一个需要关注的重要问题。

### 1.1.2　研究内容及研究方法

节能降耗是企业的社会责任，也是企业可持续发展的重要条件。本书在低碳环保视域下，以通信基站为例，研究空调系统的节能。从能源管理的角度，进行变风量空调能源管理系统（以下简称节能系统）的分析与设计。在运行管理阶段采取科学合理的方法与策略，针对传统控制过程中存在的难于建立精确的数学模型、模型修正数据获取效率低等问题，进行实验研究和建模研究。根据长期实践的经验、专业的节能技术知识以及人的思维过程，提出新的控制方法；建立控制温度决策模型；解决模型选择、自适应修正等关键技术，使模型能够进行自适应和自学习；在大量样本基础上，得出最优控制策略。量化节能效果，实现空调节能。对空调系统节能的研究，一方面着眼于减少行业自身能耗，另一方面强调节能技术在其他产业中的应用。

1. 研究内容

空调环境的耗电量控制路线如图 1.1 所示。

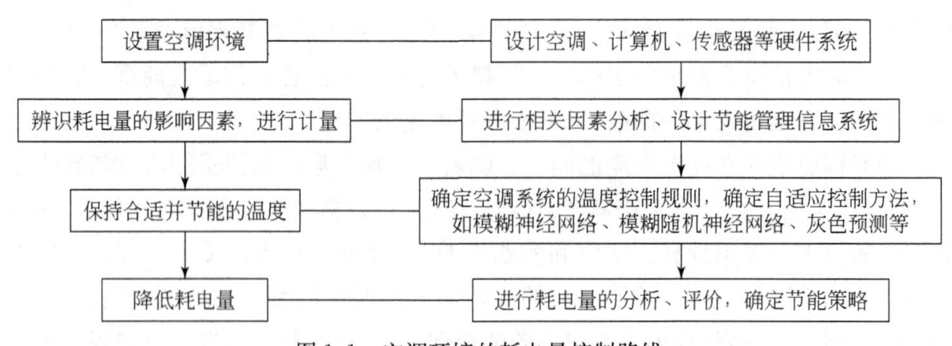


图 1.1　空调环境的耗电量控制路线

本书研究空调系统节能降耗问题及对策，以及能耗控制的方法与技术。内容涉及节能降耗问题及对策、不确定环境下的节能系统、通信基站空调系统的热环境、空调系统的自适应温度控制方法、模糊神经网络温度控制方法、基于灰色预测的模糊神经网络温度控制方法、模糊随机气温变量的温度控制模型、节电方案的选择、空调系统节能技术在其他领域中的应用等。研究的总体框架如图1.2所示。

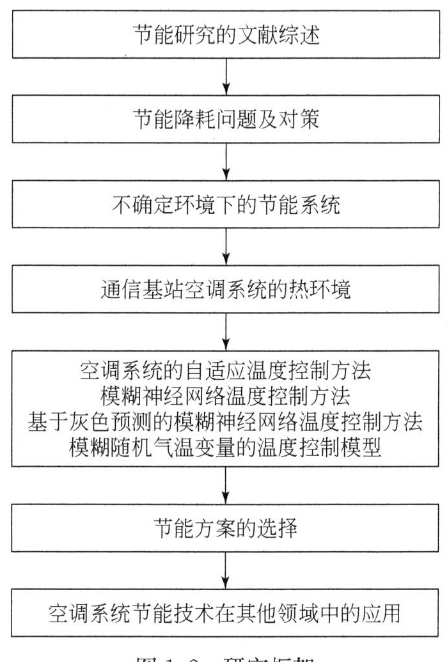


图1.2　研究框架

第1章为绪论，主要说明研究背景、内容、意义及国内外研究现状。另外，介绍主要发达国家空调系统节能的做法及启示。

第2章为低碳环保视域下的节能降耗问题及对策。对国内外节能降耗问题进行文献综述，指出全球低碳节能的行动与节能途径。说明我国在应对气候变化、低碳节能方面所做工作的现状，提出低碳经济与低碳环保的理念，指出存在的能源消耗量越来越大、减排技术能力薄弱、发展低碳经济任重道远等问题。提出尽快出台相关制度和标准，进行节能降耗方面的实践，提高能源利用效率，研究低碳节能技术等对策。

第3章介绍本书研究所依据的理论，主要包括随机变量、模糊变量、模糊随机变量、模糊随机规划模型等不确定理论及相关方法，还包括模糊控制系统、神经网络控制、模糊神经网络控制、遗传算法、灰色系统理论等控制及优化方法。

第4章构建不确定环境下的节能系统，包括节能管理信息系统结构、节能控制装置及控制规则、节能控制过程等。目前在通信基站机房环境不变和保障原有服务前提下，降低空调能耗是最为直接有效的节能手段。设计对环境、用能设备的用能时间、用能状况进行集中监控的信息系统。在对节能控制科学诊断、量化评测、统一管理的基础上，进行不确定化推理，建立有关耗电量的优化模型，决策冷源设备的行为。

第 5 章分析通信基站空调系统的热环境。针对通信机房的环境要求，提出通信基站热环境影响因素，构建通信基站热环境评价指标的隶属度函数，并采用层次分析法对评价指标的重要程度及其算法进行分析，以确定基站环境的评价等级。同时，设计热环境评价系统软件。

第 6 章提出空调系统的自适应温度控制方法。由于主要依靠空调，在无人值守环境下，传统核心机房的单一空调系统温湿度控制需要消耗大量电能。为节能减排，针对通信基站的要求，设计通信机房空调系统的自适应温度控制方法和过程，提出空调启动温度的定量决策方法。在使用系统时，通过传感器对温度等指标进行监测，将需要的参数在智能控制主机面板窗口上设置完毕后，就不需要再进行其他操作，控制系统能完全自控整个温控系统的运行。一年四季根据外界气候情况，自动控制室内温度，解决使室内在无人状态下保持机器适宜温度的问题。这种方法适用于通信基站当室外温度较高和室外湿度合适的场合时利用空调来降低室内温度的情形，也适用于各类通信枢纽、中心交换局等大型机房。

第 7 章研究模糊神经网络温度控制方法。许多控制方法都需要建立具有一定精度的被控过程的数学模型，没有被控过程的精确模型，就无法进行相应的控制，或是控制的效果不够满意。因此，建立反映空调系统环境的可靠数学模型是必要的。通信基站环境存在着非线性和不确定性，对内环境的建模是相当复杂的。针对无法取得精确数学模型的温度控制系统的节能控制问题，引入模糊神经控制网络，提出温度控制系统的模糊神经网络控制方法。结合神经网络自学习能力强的特点，将模糊控制与神经网络相结合，对压缩机进行控制，通过智能控制空调设置温度的方式实现节能。

然而，对节能来说，仅研究空调系统的控制温度的设置是不够的。如果能预测耗电量，就能更好地进行耗电量的分析与控制。第 8 章针对变风量中央空调系统使用常规控制模糊算法控制精度不高的问题，提出一种基于灰色预测的模糊神经网络控制策略，并应用于通信基站空调房间的温度控制系统中。基于灰色预测模糊神经网络的空调房间温度控制方法将模糊神经网络控制与预测控制技术相结合，建立模糊神经网络与预测控制结合的复合控制器模型。结果表明，运用灰色预测技术对基站环境参数进行预测，方便后续控制，而模糊神经网络控制过程的动态特性，保证基站环境参数的精确和稳定控制。

第 9 章为模糊随机气温变量的温度控制模型。环境温度经常发生变化，常常是不确定的。由于不能准确地刻画室内温度与室外温度的变化，从而控制空调系统的启停，企业不能很好地解决空调系统的节能问题。在许多情况下，基站环境的随机性和模糊性可能同时存在。第9章将室内温度和室外温度描述为模糊随机变量，基于模糊随机理论，建立空调系统节能模型，更客观地反映了实际情形，能够得出空调系统的最优节能控制温度值，有效降低耗电费用。

节能需要科学的分析与决策。为达到对无人值守情形下空调制冷耗电的动态控制，需根据不同时期的情况选择不同的节电方案，优化节电措施。第10章提出不确定环境下的节电方案的选择方法。在模糊线性规划模型的理论指导下，筛选出不同条件下的几种合理的通信基站温度控制策略；用实验方法得出每种方案的节电率和耗电率；应用模糊线性规划理论决策寻求最佳解决方案，使得节电率最大；最后，通过能耗管理信息平台执行节能控制策略。

第11章介绍空调系统节能技术在其他领域中的应用。包括冷链物流的低碳节能问题、冷链物流的设备与技术、低碳供应链中的温控技术以及冷链物流中的节能管理等。

### 2. 研究方法

1)空调系统节能研究现状

通过文献综述的方法，梳理国内外研究现状，尤其是主要发达国家空调系统节能的做法及启示。

2)节能降耗问题及对策

通过文献综述的方法，分析现存状态、存在的主要问题，以及目前采取的对策。

采用智能温度控制技术是解决耗电量高的问题的关键手段。已有研究表明，设定合适的空调温度，可以得到良好的节约效果。以北京市为例，夏天设定合适的空调温度，如28℃，可节电7.07亿～7.77亿kW·h。智能温度控制技术主要包括预测控制、自适应、模糊控制、神经网络技术等。

3)建立不确定环境下的节能系统

以通信基站为例，设计不确定环境下的节能系统，进行数据采集、监测及分析。利用传感系统、人工采集等手段，进行耗电量数据与相关环境数据的实时采集，室内温度、室外温度、控制温度、用电量可以被精确度量并精确记录。

设计对环境、用能设备的用能时间、用能状况进行集中监控的信息系统。利用实时自动抄表系统、动力环境监控系统、自动控制系统等手段，监测站点耗电情况。实时跟踪环境、系统参数及设备运行情况。

通过能耗管理信息平台，进行节能管理。包括分析与控制温度有关的变量及变量的特性，根据随环境变化的室内与室外温度、当前空调设定温度（这是数理分析的目标温度，一般为 26～30℃）、设备发热量、时间点、用电量等变量，决策控制温度（下一时段控制器上设定的温度值，是通过空调拟达到的理想室内温度）。系统能进行能耗与相关环境数据动态监测，对整体能耗状况进行细致分析，并根据系统负荷变化进行能耗的动态分析。使用国际标准、各种统计分析等方法进行耗电数据的多维度分析。在实际数据的基础上，根据长期实践的经验，结合专业的节能技术知识，加入人的思维过程，针对不同条件和背景确定控制规则及节能装置的控制方法。采用现代不确定控制技术，确定环境、系统参数及设备静、动态参数。建立耗电量的优化模型。在大量样本基础上，得出最优控制策略，确定通信基站温度控制策略，实现整个空调系统的优化控制。

4）分析通信基站热环境影响因素及热环境

针对通信机房的环境要求，提出通信基站热环境影响因素，构建通信基站热环境评价指标的隶属度函数，并采用层次分析法对评价指标的重要程度及其算法进行分析，以此来确定基站环境的评价等级。设计热环境评价系统软件，研究通信基站热环境控制。

5）确定空调系统的节能降耗温度控制方法

我国幅员辽阔，气候特征多样，采用单一的节能技术并不具有广泛的适用性，目前已知的技术都有一定的优缺点，这就需要采用多种方法。目前在假设通信基站机房环境不变和保障原有服务的前提下，降低空调能耗是最为直接有效的节能手段。研究通信机房节能降耗的自适应温度控制方法和过程，提出空调启动温度的定量决策方法，实现空调温度的自动调节。采用现代不确定控制技术，综合环境、系统参数及设备静、动态参数进行分析处理，在对节能控制科学诊断、量化评测、统一管理的基础上，针对不确定的环境温度和现有技术的局限性，提出空调系统节能控制装置的温度控制方法。

研究不确定环境下空调自动温度控制的自学习模型，提出空调系统自适应温度控制方法；将模糊控制与神经网络的自主学习能力结合起来，提出模糊神经网络温度控制方法；在采集的大量真实数据的基础上，进行负荷预测，提出基于灰色预测的模糊神经网络温度控制方法；提出模糊随机气温变量的温度控制模型。

6）节能方案的选择

进行耗电量的度量、评价，对节能效果进行测试比对，通过多级自控联动平台——能耗综合管理平台执行节能控制策略，进行控制策略效果的实时评价并筛选出不同条件下的最优节能策略，实现节能降耗。研究基站能耗控制策略，得到不同条件下整个空调系统温度的最优节能策略，使得系统能实时跟踪环境、系统参数及设备运行情况并做出最优控制，达到节能降耗的目的。

7)空调系统温度控制技术在其他领域中的应用

同样的方法可用于对农产品冷链物流中的仓储温度控制进行研究。对目前农产品冷链物流中仓储温度控制存在的问题进行分析，解决农产品冷链物流中仓储的温度控制问题，减少温度控制的能耗，达到低碳环保的目的。研究冷链物流的低碳节能问题、冷链物流的设备与技术、低碳供应链中的温控技术以及冷链物流中的节能管理等。

空调系统节能研究的难点是温度控制模型的建立方法及控制预测方法。

### 1.1.3 研究意义

在很多情况下，人们不知道被控对象的精确数学模型。对于无人控制环境中的通信基站，由于空调系统的运行参数设置缺乏科学指导，没有合适的温度控制模型，不能实现环境温度变化的自动调整，因此不能有针对性地采取节能措施。本书针对传统控制过程中存在的难于建立精确的数学模型、模型修正数据获取效率低等问题，进行实验研究和建模研究。本书的创新之处在于：建立基于不确定环境数据表示、度量和处理不确定性信息和知识的理论，得到不确定条件下完全由数据自主控制规则生成的机器学习方法；建立空调系统不确定环境下温度控制的自学习模型；提出一种不确定条件下的预测方法及模型数据自主式学习的方法，解决节能降耗问题。

目前，在全球气候变暖、能源紧缺的背景下，世界各国对节约能源、低碳环保的重视程度越来越高，越来越多的国家对低碳环保提出了强制性要求。我国开展节能研究，提高能源利用效率，保证低碳发展，为我国今后实现经济社会可持续发展提供一条有效路径。国家在“十二五”、“十三五”期间大力支持节能重大问题的研究，开展“十二五”、“十三五”节能专项规划研究。鼓励研究节能重大问题，重点做好节能目标预测；我国政府明确指出，要把应对气候变化、降低二氧化碳排放强度纳入国民经济和社会发展规划，采取法律、经济、科技的综合措施，全面推进应对气候变化的各项工作；要把控制温室气体排放和适应气候变化目标作为各级政府制定中长期发展战略和规划的重要依据；要继续完善和实施应对气候变化国家方案。国家发展和改革委员会(简称国家发展改革委)制定的《单位 GDP 能耗考核体系实施方案》明确提出，对各省级人民政府要实行节能减排的问责制和一票否决制。因此，开展节能研究具有一定的现实意义。

本书以通信基站的能耗控制为例，电信行业一方面着眼于减少行业自身能耗，另一方面强调通过信息化在其他产业中的应用，推动全社会的节能减排。通信基站的能耗主要体现在耗电量，而巨大的耗电量是由空调系统引起的。空调系统热环境是不确定的环境。在很多情况下，影响耗电量的因素变量是模糊随机的。在模糊随机环境下，形成大量的能耗，造成了高额的运行成本。考虑到空调系统的热环境具有不确定性，采用模糊、模糊随机等技术，研究模糊随机环境下的能耗控制理论与方法，降低能耗。在管理理论上，丰富不确定环境下的能耗决策问题的理论；在管理实际中，为企业间处理能耗控制问题提供科学的、定量分析的模型，指出能耗控制的策略与方法。本书试图拓展模糊随机理论的应用领域，具有一定的理论意义。

企业节能降耗是由人、资源、设施和信息等组成的系统工程，包括基础管理、技术更新、节能和宣传等系统。从能源管理的角度，研究空调运行阶段的节能解决方案对于节能意义深远。本书探索现代企业管理新方法，运用系统工程的一系列科学理论（思想方法和技术手段），对通信基站节能降耗实施系统优化，以期得到一个切实可行、经济效益较好的用能、节能方案，达到减少消耗、降低成本、最大限度地创造经济效益和社会效益。研究温度控制的自学习模型和策略将有效量化和控制通信基站的节电量，在严格控制和降低运营企业的运行成本和提高设备运行效率方面具有重要意义。

推动低碳环保、节能减排，要研究提高能源效率和优化能源结构的低碳技术。推动低碳技术的开发和运用，促进整个社会经济向高能效、低能耗和低碳排放的模式转型是目前阶段的历史性任务。研究成果在其他与电信行业类似的行业中也具有推广应用价值，在推动全社会的节能减排方面具有重要意义。

## 1.2 国内外研究现状

国内外很多学者研究了低碳环保与低碳减排的实践问题，如政治与经济政策、技术与低碳减排的关系、低碳环保技术、空调系统节能的做法及启示、空调系统的智能温度控制技术等。

Soytas 等研究了美国的能源消耗、经济增长与碳排放情况，利用 VAR 模型研究了能源消耗、经济增长与碳排放的关系，得出了碳排放增长的主要原因是能源消耗而非经济增长的结论，提出应该通过改变能源利用方式，提高能源效率，实现减排目标[5]。Kinzig 等从全球层面探讨了为了使空气中的二氧化碳保持或者低于工业化前一倍水平的主要措施，包括：通过提供政治和经济优惠促进项目中低成本碳排放的实现，促进节能减排有效途径的研究，追求一种低碳经济下合理生活方式等[6]。Treffers 等通过研究认为只要通过政府的相关政策调控，德国可以在保持经济增长的同时减少温室气体的排放，并预测了2050年温室气体的排放情况，认为在1990年的基础上，可以减少80%左右[7]。Stern等学者采用经济学的相关理论，分析了全球气候变化的影响，并认为各国政府应采用多种举措，尽快阻止全球气候变暖，当2050年世界经济规模比当前扩大3～4倍时，温室气体的排放应至少比当前降低1/4[8]。Koji等2007年的研究得出结论：二氧化碳排放主要受经济增长水平、产业结构和电力的碳排放强度等因素的影响；应用创新措施，在经济保持一定增长率的前提下可以实现降低碳排放目标；在降低二氧化碳排放中，技术的贡献率占54%[9]。Goulder等对研发活动对二氧化碳减排政策的影响进行了研究，认为研发活动可能会导致实际的二氧化碳减排的GDP成本降低[10]。在全球能源技术战略计划(The Global Energy Technology Strategy Program，GTSP)2007年发布的研究报告中，研究人员对21世纪各种可能技术的潜力进行了模拟研究，指出技术是非常重要的应对气候变化的长期战略，对发展与提高能源技术这项战略来说，每年可降低应对全球气候变暖成本将近万亿美元[11]。

近年来，随着经济的快速发展，中国能源的消耗量也在迅速增加，这导致经济发展面临着能源总量约束和环境污染的双重压力。2006年，科学技术部、中国气象局、中国科学院等六部门提出中国减缓气候变化的总体思路是：发展并推广先进节能技术，提高能源利用效率，逐步建立减缓气候变化的制度和机制，以减少二氧化碳等温室气体的排放[12]。提高能源的利用效率已成为世界各国坚持走可持续发展道路的有效途径和重要保证。

国内很多学者在低碳减排方面做出了大量贡献。徐国泉等通过对1995～2004年人均碳排放的实证分析发现，能源结构、能源效率是碳排放增长的抑制因素，而经济发展是碳排放增长的拉动因素[13]。庄贵阳认为，在不影响社会经济发展目标的前提下，提高能源效率、遏制奢侈浪费为寻求发展低碳经济的一种可能措施[14]。王铮等研究发现，如果中国每年降低0.2%的排放量(少增0.2%)，相比不控制来说，到2050年，GDP会下降一定比例，但是最高还能保持GDP年增长率为7.2%左右；如果中国承担减排任务，例如，每年少排0.5%的减排任务，GDP的年增长率能够保持在6%左右。如果中国加大在技术方面的教育科研投资，如占GDP 0.5%的教育科研投资，则不仅可以克服减排的影响，而且到2050年，GDP能够提高25%左右[15]。邢继俊等提出，今后中国在能源领域仍必须坚持以节能为先这一战略以实现能源安全、环境保护和提高竞争力等多重目标。统计数字表明，通过强化节能和提高能效等政策措施，中国有望将2020年的能源消费总量减少15%以上[16]。胡初枝等基于EKC模型，研究了规模效应、结构效应和技术效应分别与碳排放之间的关系，实证研究表明，经济规模具有明显的增量效应，产业结构具有不明显的减量效应，技术效应具有抑制碳排放增长的作用，但这种作用波动较大[17]。

关于节能减排方法与措施，很多国内外学者进行了研究。

林伯强等通过两种不同的分解模型解释人均二氧化碳排放的驱动因素，并认为工业能源强度对碳排放有显著影响[18]。李友华等发表的文章认为低碳经济是相对高碳经济而言的，我国发展低碳经济面临着能源利用效率低、能源结构不合理、$CO_2$ 排放量增长快、技术落后等问题，并从战略理念、投入、制度、产业等方面提出了对策[19]。朱永彬等改进了传统的内生经济增长模型 Moon-Sonn，利用 Moon-Sonn 模型预测了我国未来能源消费导致的碳排放的趋势，结果表明，假设技术进步对能源消费导致的碳排放的状况改善不明显，我国的能源消费和碳排放将分别在 2043 年和 2040 年达到最大值[20]。孙建卫等参照联合国政府间气候变化专门委员会(Intergovernmental Panel on Climate Change，IPCC)温室气体清单方法核算了我国历年的碳排放，发现我国碳排放总量呈先减后增的趋势，其中 GDP 增长是拉动因素，技术进步因素是其减少的主要因素；认为工业部门是实现减排的关键[21]。郑有飞等结合我国的节能减排目标，利用动态的气候变化综合评估模式——RICE，对我国 2000～2050 年的技术进步方案进行研究，提出通过技术进步可以使我国二氧化碳排放量减少的结论[22]。除上述文献外，蒋铁红等[23]、邝生鲁[24]、朱川等[25]均从不同角度探讨了技术进步与碳排放的关系。

节约能源和提高能效是低碳经济的主要实现途径[14]。与发达国家和地区相比，我国在低碳节能方面存在较大的技术差距，我国提出了节能减排的政策，节约能源固然能够降低碳排放，但在技术进步发展缓慢的约束下，能源效率得不到明显提高，势必会影响我国经济的正常发展；以低能耗、低排放、低污染为特征的低碳经济，是一种可持续经济发展模式；发展低碳经济的内涵，就是在经济的发展中大力倡导利用技术进步和制度创新转变能源利用方式，提高能源效率[16,19]。节约能源、提高能效是今后长期一段时间发展的重要任务，而低碳技术的快速发展至关重要。

综上，如何应对全球气候变化，如何低碳发展，国内外学者基本取得共识，即节约能源和提高能效[26]。通过开发和使用低碳技术也是减少排放的一个关键途径[27]。研究表明，为了实现 2050 年全球范围的温室气体减排目标(即将温室气体浓度稳定在 $550mg/m^3$)，约 70％的减排量需要在未来 20 年的时间里完成，这就需要充分发挥现有及接近商业化的减排技术。然而，目前中国正处在快速的工业化和城市化过程中，每年有大量的基础设施和设备投入运营。我国一方面经济发展呈现高排放特征，另一方面缺乏先进的温室气体减排技术。在以后的工业化进程中，如果不采用先进的技术和发展理念，就会走上高能耗、高污染、高排放的道路。

降低碳排放,实现低碳发展,技术能力是关键能力之一,应尽早发挥技术的关键性作用。

空调系统的节电是一个迫在眉睫的问题。我国地域辽阔,地形复杂,气候类型多种多样,有的地区冬夏气温变化相当大,而有的地区四季气温变化很小;即使在同一季节,各地气温也多种多样。通信基站空调系统根据外界气候情况,自动控制室内温度,冬季比环境空气温度高,夏季比环境空气温度低,使室内温度变化相对稳定,一般平均为26～30℃,即使室内在无人状态下保持机器适宜温度,以节省耗电量并提高设备的运行效率。然而,目前这种新型的新风/空调系统,不能实现环境温度变化时的自动调整。单站点运行参数的设置缺乏科学的指导,没有合适的温度控制模型,不能有针对性地采取节能措施。此外,缺乏对节能成果量化评测手段。没有科学的节能诊断,对于节能缺乏统一的控制与管理。现实世界是一个不确定的世界,本书针对不确定的环境温度以及现有技术的缺陷,研究采用不确定技术进行动态节能控制的温度控制的自学习模型,提供新型新风/空调系统节能控制装置在不确定环境下的温度控制方法。

许多国内外著名学者对智能温度控制技术进行了研究,且取得了一定的成果。预测控制技术通过建立预测器预测未来过程的输出,然后根据当前的偏差及预测输出变化的趋势进行温度控制,这种控制系统具有较强的鲁棒性。

近年来,模糊逻辑控制取得了很多成果[28,29],越来越多的学者将智能控制与传统方法结合起来用于温度控制系统中,采用神经网络和模糊数学为理论基础的控制方法,结合专家系统来实现智能化。孙建平等将模糊建模技术与预测控制算法相结合,提出了一种模糊自适应预测控制算法,有效地提高了温度的负荷适应性[30]。王志征等采用神经网络技术构造温度模型,进行预测控制[31]。金耀初等采用神经网络技术修正模糊控制器的隶属度函数,实现模糊规则的自动更新,这种方法使得模糊控制器有了自学习的功能[32]。王耀南同时将神经网络技术和模糊控制技术应用于温度的控制中,根据神经网络的分类功能来构建模糊规则库,降低了普通模糊控制中确定模糊控制规则的难度,并通过神经网络使模糊控制器具有自学习能力[33]。以上所述的算法都已经历了多年的发展,理论基础相对比较完善,而且在实际中都已有成功的应用实例。

模糊控制的突出特点在于,控制系统的设计不要求知道被控对象的精确数学模型,只需要提供环境的经验知识和操作数据,适用于解决常规控制难以解决的非线性的时变系统,目前在温度控制系统中得到了较多的应用。然而,对于无人控制环境中的通信基站而言,这种依赖先前人的经验的控制方法具有一定的局限性。再者,在很多情况下,环境数据不一定是模糊的,还有可能是随机的,完全采用模糊控制的方法具有一定的局限性。因此,研究随机决策模型及预测控制技术是必要的。另外,目前无人控制环境中的基站空调系统,运行参数设置缺乏科学指导,没有合适的温度控制模型,不能实现环境温度变化的自动调整,不能有针对性地采取节能措施。本书主要针对气候状况,在对节能控制科学诊断、量化评测、统一管理的基础上,针对不确定的环境温度和现有技术的局限性,提供空调系统节能控制装置的温度控制方法,研究基站能耗控制策略。新型新风/空调系统的温度控制是既可供热又可供冷的高效建筑节能技术,能有效节省能源、减少大气污染及二氧化碳排放。

通信基站巨大的耗电量是由空调系统引起的。空调系统热环境是不确定的环境,在这种情况下,提出能耗控制的策略与方法。采用温度控制技术是解决这一问题的关键手段。因此,首先分析主要发达国家空调系统节能的做法及启示;通过文献研究,分析及研究大量空调系统的节能方法,确定低碳环保视域下的空调系统节能系统采用现代不确定控制技术。

实现基站节能系统的节能,需通过智能控制方式。针对不确定系统,以控制理论、运筹学、计算机科学等学科为基础,智能控制是把管理者已有的知识经验应用于这些不确定性、模糊性、辨识复杂的系统中,使系统能够自学习、自适应、自组织,通过经验推理发现知识。目前,在控制过程中已有很多智能控制算法,其中模糊控制算法、神经网络算法、遗传算法以及这几种算法的复合是应用广泛且具有可靠性的算法。

研究成果可应用于相似领域,如冷链物流中的温度控制。目前,农产品冷链物流温度控制中有很多问题亟待解决。统计数字表明,美国、日本等发达国家蔬菜、水果类农产品冷链流通率为 95%以上,肉禽类已全部使用冷链物流。而我国果蔬、水产品、肉类冷链流通率分别为 5%、23%、15%,冷藏运输率分别为 15%、40%、30%,使用全程冷链运输的禽蛋制品比例不足 1%。与发达国家相比,我国大部分生鲜农产品仍在常温下流通,通过冷链流通的比例偏低[34]。我国在节能环保的多温控冷藏车等冷链物流装备方面的研发能力较弱,仓储中的温度控制存在能耗大等问题,全程温控和综合管理存在很多空白。本书还研究了农产品冷链物流中仓储的温度控制问题,以减少温度控制的能耗,达到节能环保的目的。

# 第2章　低碳环保视域下的节能降耗问题及对策

世界各国纷纷将节能作为国家的战略任务。国际社会针对低碳节能开展了积极的行动。本章在低碳环保视域下，以空调系统的节能为例，研究我国在低碳节能方面的对策。

## 2.1　全球低碳节能的行动与节能途经

2014年，IPCC第五次评估报告指出：1880～2012年间，全球地表平均温度上升了约0.85℃，1983～2012年可能是北半球过去1400年中最暖的30年。报告认为，若不采取减排措施，21世纪全球气候仍将持续变暖[35]。IPCC第五次评估报告更确定了变暖趋势和人类活动影响是20世纪中叶以来气候变暖的主要因素。随着经济的发展，由能源使用带来的环境问题越来越突出，解决气候变化问题的根本措施是减少温室气体的人为排放[36]。

早在1988年，联合国环境规划署和世界气象组织就共同成立了IPCC。1992年联合国总部制定了《联合国气候变化框架公约》(United Nations Framework Convention on Climate Change，UNFCCC或FCCC)。《联合国气候变化框架公约》明确提出，将大气中温室气体的浓度稳定在防止气候系统受到危险的人为干扰的水平上。因此，环境问题受到关注。1992年起，《联合国气候变化框架公约》开始生效，紧接着，《京都议定书》、《马拉喀什协定》、“巴厘路线图”、哥本哈根会议以及坎昆会议等就各国具体减排目标和原则等明确责任[37]。区域间政府组织制定了减少温室气体排放的国家政策。为了明确各国减排义务，切实推进温室气体减排运动，1997年在日本京都召开的UNFCCC第三次缔约方会议，通过了基于量化减排为目标的《京都议定书》，为发达国家规定了量化减排指标。2003年，英国首相布莱尔发表了题为《我们能源的未来：创建低碳经济》的白皮书，提出计划到2010年二氧化碳排放量在1990年水平上减少20%，到2050年减少60%。2007年，联合国气候变化大会在印尼巴厘岛举行，制订了应对气候变化的“巴厘岛路线图”。要求发达国家在2020年前将温室气体减排25%～40%。同时提供可测量、可报告和可核实的资金、技术和能力建设，以使发展中国家能够在可持续发展框架下采取可测量、可报告和可核实的适合国情的减排行动。发展中国家也要在发达国家技术和资金支持下，采取具有实质性效果的国内减排行动。2008 年 5 月，《气候变化战略》明确提出，到 2026 年减少二氧化碳排放 60%。欧盟承诺到 2020 年将煤炭、石油、天然气等一次能源的消耗量减少 20%。2008 年 7 月，美国、英国、法国等八国集团的 G8 峰会上，八个国家表示寻求与《联合国气候变化框架公约》的其他签约方一道共同达成到 2050 年把全球温室气体排放减少 50%的长期目标。因此，减少二氧化碳排放已经成为全球经济社会发展的共识。

2016 年 9 月，在杭州举行“二十国集团领导人峰会”期间，中国率先向联合国秘书长潘基文交存了《巴黎协定》批准文书。在《巴黎协定》的框架下，中国也设定了四大减排目标：第一，到 2030 年，中国单位 GDP 的二氧化碳排放要比 2005 年下降 60%～65%；第二，到 2030 年，非化石能源在总的能源当中的比例要提升到 20%左右；第三，到 2030 年左右，中国的二氧化碳排放要达到峰值，并且争取尽早地达到峰值；第四，增加森林蓄积量和增加碳汇，到 2030 年中国森林蓄积量要比 2005 年增加 45 亿 $m^3$。

技术进步是低碳发展的关键[38]。一系列的研究普遍认为，应通过相应方法尽早遏制全球气候变暖，认为利用现有技术和相关政策，包括：通过提供政治和经济优惠促进项目中低成本碳排放的实现，实现减排是可能的[6~8,39]；政治与经济政策，技术尤其是低碳环保技术，空调系统的智能温度控制技术等与低碳减排的关系重大。主要发达国家，特别是美国、德国、日本等发达国家，针对低碳节能采取了相应的行动、措施，也出台了相关的制度政策等。Goulder 等的研究指出，应用创新措施、研发活动能在经济保持一定增长率的前提下，实现降低碳排放目标[10]。Koji 等的研究发现，在降低二氧化碳排放中，技术的贡献率占 54%[9]。在 GTSP 于 2007 年发布的研究报告指出，在应对气候变化的长期战略中，技术是非常重要的部分，发展与提高能源技术，每年可将应对全球变暖的成本降低近万亿美元[11]。

## 2.2 我国在低碳节能方面所做的工作及存在的问题

全球气候变暖是由为推动经济发展而大量消费的化石能源造成的，在发展中必须加强对资源的合理利用和环境的保护。我国高度重视低碳环保工作，低碳环保是指一种较低（更低）的温室气体（二氧化碳为主）排放概念的环保方式。低碳是指企业在运营过程中能有效减少温室气体的排放；环保主要是指企业在经营过程中减少对环境的污染、节能降耗，倡导保护生态环境和合理使用资源，实现资源利用的最大化。

我国制定了一系列鼓励低碳经济发展政策措施，并做了大量节能减排方面的工作。节约资源和保护环境是我国的基本国策。早在1992年,我国政府正式签署了《联合国气候变化框架公约》。1995年,国家“九五”计划将降低能耗和主要污染物排放作为重要指标。1998年,我国政府签署了《京都议定书》,成为世界上较早承认《联合国气候变化框架公约》和《京都议定书》的国家之一。2004年,国务院通过了《能源中长期发展规划纲要(2004－2020)》。同年,国家发展改革委还发布了中国第一个《节能中长期专项规划》。2005年,党的十六届五中全会把节约资源纳入了我国的基本国策。2006年,“十一五”规划《纲要》提出了“十一五”期间单位GDP能耗降低20%左右,主要污染物(包括二氧化碳)排放总量减少10%等一系列资源节约的约束性指标,把节能减排确定为必须完成的约束性指标。2007年,我国政府发布了《中国应对气候变化国家方案》[40],同年国务院新闻办公室发表《中国的能源状况与政策》白皮书。2009年,我国在纽约联合国总部举行的联合国气候变化峰会和在哥本哈根召开的哥本哈根世界气候会议上承诺,到2020年单位GDP碳排放强度比2005年下降40%～45%的目标,并采取切实措施减缓碳排放。《2009中国可持续发展战略报告》中提出,2020年我国能源消耗须有较大幅度的降低,环境质量也将有较大程度的改善。2009年,中国科学院的《中国至2050年能源科技发展路线图》指出,发展以“三低”(即低能耗、低污染、低排放)和“三高”(即高效能、高效率、高效益)为基础的低碳经济[41]。2011年,“十二五”规划《纲要》中明确了节能减排的具体目标,并将节能减排目标列为具有法律约束力的约束性指标。2014年,国务院公布了《2014－2015年节能减排低碳发展行动方案》,要求在2014～2015年,中国单位GDP二氧化碳排放量两年分别下降4%、3.5%以上。同时,《2014－2015年节能减排低碳发展行动方案》要求加快建设节能减排降碳工程,提出加强工业、建筑、交通运输、公共机构等重点领域节能降碳。

作为发展中国家,相对于欧美等发达国家和地区,中国目前正处于快速的工业化、城市化和现代化的发展过程中,现阶段以工业化为经济发展的主导,并且经济仍将较快增长,经济发展呈现高排放特征,能源消耗量越来越大,未来一段时间内能源需求将继续增加,高能耗使得二氧化碳排放问题严峻。

研究显示,在过去的20年里,美国、欧盟和日本等国和地区的碳排放量增长缓慢,但是中国的碳排放量提升3倍。据国际能源署(International Energy Agency,IEA)提供的数据,中国能源消耗所导致的二氧化碳排放量自1979～2010年不断大幅攀升,2010年已达72.59亿吨。我国成为全球最大二氧化碳排放国,这已经引起国际社会的关注。在《联合国气候变化框架公约》谈判过程中,以及在2009年的哥本哈根气候大会上,美国等发达国家强烈要求中国等发展中国家承担一定的减排义务。我国面临巨大的国际压力。

近几年，随着科技的进步，我国能源利用效率有所提高，但与世界先进水平还有很大差距，我国仍承受着巨大的资源和环境代价，所面临的减排压力也越来越大。现实的国情要求我们在经济增长中，在当前世界大多数国家普遍关注和推动低碳环保发展的环境下，必须节能减排[42]。

然而，在低碳节能方面，还存在一些问题。

（1）我国已经出台了政策措施，制定了节能减排的国家法律，然而还远远不够。节能减排工作涉及的环节很多，在法律中有些问题比较复杂，很难做出具体的规定。只能提出一些原则性、方向性的要求，需要有关部门制定和完善相关配套性的规定，包括：节能目标责任制和评价考核实施办法；公共建筑、室内温度控制管理办法；民用建筑节能管理条例；重点用能单位管理办法等。例如，2007 年《国务院批转节能减排统计监测及考核实施方案和办法的通知》中指出：针对饭店、宾馆、商厦、写字楼、机关、学校、医院等单位建立相应的能耗统计制度[3]。目前我国节能标准体系也还很不完善，耗能产品、工业用能设备和大型的公共建筑能耗限制标准也不足。

（2）目前我国缺乏对节能成果量化评测的手段，对于用电与节能缺乏统一的监测与管理。我国能源总量较高，但能耗利用效率较低。在用电方面，我国能源利用效率也不高。经济发展和社会生活的各个方面都离不开电。随着生产发展和生活的提高，我国工业及生活的用电量飞速增长，如空调系统的用电量就始终居高不下。电力结构中，依靠煤作为发电的主要资源的火电占比高达 77%。由于煤的碳密集程度比其他化石燃料高得多，单位能源燃煤释放的二氧化碳是天然气的近两倍，我国二氧化碳绝大多数都是燃煤排放的，来源于煤炭消费的碳排放量占整个碳排放量的 85%。大气污染中仅二氧化碳造成的经济损失就占 GDP 的 2.2%。我国目前缺乏对节能成果量化评测手段，没有科学的节能诊断，对于节能就缺乏统一的控制与管理，这使得重点能耗设备不能科学地运行。1992 年，联合国环境与发展大会就提到，随着经济的发展，能源强度越来越大，消耗的煤炭越来越多，粗放型的生产方式使得短时期内很难实现减排[1]。

（3）与发达国家和地区相比，我国减排技术能力薄弱。低碳发展并不意味着被动的降能耗、减排放，而应该是主动发展以高能效、低排放和低污染的低碳产业和低碳技术。未来，低碳技术将成为国家核心竞争力的一个标志。与发达国家和地区相比，我国缺乏先进的温室气体减排技术，在低碳节能方面还存在较大的技术差距。节约能源固然能够降低碳排放，但在技术进步发展缓慢的约束下，能源效率得不到明显提高，必须会影响我国经济的正常发展。

## 2.3　我国低碳节能方面的对策

应对气候变化挑战的首要措施是节约能源并提高能源效率，这是世界各国坚持走可持续发展道路的有效途径和重要保证。因此，应该尽早开始研究低碳节能的制度，逐步建立减缓气候变化的制度和机制，利用制度创新转变能源利用方式，促进整个社会经济向高能效、低能耗和低碳排放的模式转型，坚持走可持续发展道路。不断进行技术创新，加强节能降耗统计、监测和考核体系建设，减低温室气体排放。进行节能降耗方面的实践，提高能源利用效率。依靠科技进步，研究低碳节能技术，开发、运用并推广先进低碳节能技术[11,15,18]。

1. 尽快出台相关制度和标准

推进节能减排要以法律为保障，我国已经有《中华人民共和国节约能源法》、《中华人民共和国可再生能源法》、《中华人民共和国循环经济促进法》等法律。法律法规的制定对节能减排起到了强有力的促进作用。

节能需要依靠制度来规范，同时也要完善有利于节能和环保的各项政策措施。《中华人民共和国节约能源法》明确规定："国家实行节能目标责任制和节能考核评价制度，将节能目标完成情况作为对地方人民政府及其负责人考核评价的内容。"2011年的"十二五"规划《纲要》明确要求"健全节能减排激励约束机制。优化能源结构，合理控制能源消费总量……健全节能减排法律法规和标准，强化节能减排目标责任制考核。"国家在节能相关工作会议上明确要求"落实节能减排工作责任制""建立科学、统一的节能降耗和污染减排统计指标体系、监测体系和考核体系"。2007年，国务院同意国家发展改革委、统计局等会同有关部门制定的《单位GDP能耗考核体系实施方案》、《单位GDP能耗统计指标体系实施方案》和《单位GDP能耗监测体系实施方案》。为响应国务院发布的有关加强节能工作的决定和国家发展改革委、统计局等制定的一系列实施方案的要求，全国各单位、各部门都部署、实施并加强了节能减排、节能降耗工作，把节能减排、节能降耗纳入综合评价体系，并制定了促进节能降耗的一系列政策措施[43]。

除了制定相关法律制度，还应尽快制定出台节约能源相关法律的配套制度和配套标准。尽快制定出台《中华人民共和国节约能源法》的配套制度和标准。要加快制定各类产品的能耗标准、行业能耗准入标准、节能设计规范等，构建节能降耗指标体系，为节能降耗实施情况的评价提供标准。这些配套规定和标准，是法律不可或缺的有机组成部分，应该尽早出台。

2. 进行节能降耗方面的实践,提高能源利用效率

在国家节能减排的法律、政策和措施支持下,需积极进行节能降耗方面的实践,提高能源利用效率。

1)制定节能规划

中央明确指出,要研究节能重大问题,开展“十二五”、“十三五”节能专项规划研究。企业节能降耗是由人、资源、设施和信息等组成的系统工程,包括基础管理、技术更新、节约能源等系统。积极探索现代企业管理新方法,运用系统工程理论、方法和技术手段,对节能降耗实施系统的优化,制定切实可行、经济效益较好的用能、节能方案,达到减少消耗、降低成本、最大限度地创造经济效益和社会效益[44]。

2)建立科学规范的节能降耗评价考核体系

建立能耗指标量化科学化的科学规范的节能降耗评价考核体系,以科学的技术经济数据作为依据,增加节能管理的科学性。根据企业用能情况,量化节能工作,利用关键节点上一些随时能够观察分析的具体数据,构成综合指标作为实施严格管理的依据。实行节能减排目标责任考核。国家发展改革委制定的《单位 GDP 能耗考核体系实施方案》明确提出,实行能源消耗总量考核,对各省级人民政府要实行节能减排的问责制和一票否决制。将节能降耗指标完成情况纳入经营责任制考核内容,每年分解、下达各部门节能单耗指标,各部门再将节能指标分解、下达到各基层单位,实行逐级考核,严格按照规定奖惩。实行节能减排工作评价,实行节能减排工作综合评价制度,每年对各单位节能工作组织和领导情况、节能技术进步及技术改造实施情况、节能法律法规执行情况、节能管理工作执行情况、节能目标完成情况等进行评比打分,通过综合评价来确定单位节能的整体工作情况。

3)完善计量管理体系

对能源进行科学计量是用能单位实现节能降耗、提高经济效益、强化能源科学管理必不可少的技术手段之一。为此,应贯彻《用能单位能源计量器具配备和管理通则》(GB 17167—2006)的具体规定,完善计量管理体系,完善能源计量设施配备。对能源检测计量器具的选型、采购、安装、调试、验收、检定、维修等实行集中监督和统一管理,加大对计量设备和工艺技术改造的投入,使企业的计量工作规范化、科学化。制定节能量化综合指标,强化能源计量数据管理。在做好能源计量和测定工作的前提下,适时监测、考核节能降耗工作开展情况。

以科学数据指标作为评价节能的依据,对用于生产、成本核算、能源综合利用的数据,尽量采用对能源计量数据日分析、周考核、月汇总的办法进行成本核算。通过能源综合分析了解各生产单位及重点耗能设备的运行状况,发现数据异常时,

及时解决，为管理提供科学依据。

4）加强节能降耗的统计和监测

建立并逐步完善能源计量网络，采用先进的信息系统，对用能状况进行记录、分析，及时掌握能耗情况和节能目标实现程度。做到能源检测计量信息和统计数据由一个职能部门统一提供，保证能源数据统一可靠。能源计量系统能够有效地对能源计量点数据进行实时动态采集，使能源计量点数据全部被能源计量系统监测；对实时数据进行各种计算、分析、保存、显示，自动生成报表数据；能源主管部门可通过客户端应用程序查看各用户能源计量数据和统计报表数据，以指导节能工作。

加强节能监测，按有关规定实行严格的问责制考核，是确保达到节能降耗目标的重要基础和保障。健全节能监测组织机构及职责，建立及时、准确的节能监测，通过对各项能耗指标的数据质量实施全面监测，评估各单位能耗数据质量，全面、真实地反映各单位的节能降耗进展情况和取得的成效，客观、公正、科学地评价节能降耗工作进展。

### 3. 研究低碳节能技术

节能环保水平关系到我国节能减排目标的实现和经济社会又好又快发展[45]。在中国的工业化发展进程中，降低碳排放，实现低碳发展，技术能力是低碳节能关键能力之一。技术对二氧化碳减排的影响主要集中在能源消费改进和能源替代造成的影响上，可以减少能源消费量，从而减少二氧化碳的排放。通过开发和使用低碳技术是减少排放的一个关键途径[27]。对我国的低碳节能来说，开展低碳节能技术攻关和试点研究、发展低能耗的减排技术、推动低碳技术的快速发展至关重要。

目前中国正处在快速的工业化和城市化过程中，每年有大量的基础设施和设备投入运营。如果不采用先进的技术和发展理念，就会走上高能耗、高污染、高排放的道路。低碳节能技术包括智能电网、建筑节能、变频器技术、清洁生产技术等。此外，还应包括加大替代技术、减量化技术、能源利用技术、新材料技术、绿色消费技术、无碳和低碳能源技术等研究和开发。

## 2.4　本书的研究

在全社会都在提倡节约、环保、低碳的背景下，大部分企业都担负节能降耗的社会责任。“十一五”规划《纲要》和“十二五”规划《纲要》要求“十一五”、“十二五”

期间单位增加值能耗降低20%左右，主要污染物排放总量减少10%。随着全球能源日趋紧张，对节能要求更加迫切。为贯彻《中华人民共和国国民经济和社会发展第十三个五年规划纲要》(简称“十三五”规划《纲要》)要求，2017年，国家发展改革委等13部门下发了关于印发《“十三五”全民节能行动计划》的通知，国家发展改革委向各省下达“十三五”节能减排任务，提出要大幅提高能源资源开发利用效率，有效控制能源消耗总量。

在进行节能降耗方面的实践的基础上，本书以高速发展的电信行业为例，提供了提高能源利用效率方面的一些研究。电信行业面临的节能形势很严峻。我国现有移动通信基站数量为600余万，随着第四代移动通信网的使用和第五代移动通信网建设的启动，国内还将建设数以万计的通信基站。运营商加速建设基站、机房，为提高基站内电信设备的运行效率，各基站内都设有风机/空调及中央控制系统，在无人状态下，根据外界气候情况，使室内保持相对稳定的机器适宜温度。由于大量使用空调，耗电量居高不下。以中国电信为例，连续数年耗电量持续增长。运营商不得不面临以基站和数据中心机房增长为主的用电带来的高昂的能源消耗。国家对电信运营商节能工作实行严格考核。为此，各电信业运营商都面临着在提高基站空调设备运行效率的同时，如何降低空调耗电量的问题。

空调系统的节电是一个迫在眉睫的问题，很多地方与通信基站类似，依靠空调系统自动控制室内温度，使室内在无人状态下保持适宜温度，这导致用电量居高不下。本书以空调系统的节能为例，研究高效低碳节能系统的构建。空调系统节能方法改进和智能温度控制技术，为节能减排提供一条有效的途径，以减少行业能源能耗。这些节能方法与技术也可应用于其他产业。

### 1. 配置高效环保设备、建设低碳节能控制系统

要实现节能环保，应配置高效环保的各种设备。例如，传统的全空气定风量(constant air volume，CAV)空调系统，是通过改变送入区域的送风温度来实现对该区域温湿度调节的全空气空调系统，CAV空调系统不管所调节区域的负荷如何变化，风机向该区域输送的风量是固定不变的，因此即使区域的实际负荷已经很小，但所输送的风量还是没有改变，造成电能浪费。而变风量(variable air volume，VAV)空调系统是通过改变送入区域的送风量来实现对该区域温湿度调节的全空气空调系统，能够进行负荷跟踪，即能够根据区域负荷的变化而使风机向该区域输送的风量发生相应的变化，因此当送风量减少时，由风机输送引起的能耗也相应减少。可以有针对性地采取其他节能措施，如中央空调机设备添加自动变频器、调节低功率下的用电的额度，以及采用低压节电模式；又如中央空调使用热回收装置，

充分利用空调运转产生的热能。空调保持着最低的转速以节约电能。

建设低碳节能控制系统。随着经济的持续发展，各个国家对节约能源的要求也越来越高。要实现全面节能，就要将企事业单位各个单元、各个耗能部分都纳入节能管理的范围，对现有设备进行改进，在节省耗电量与提高设备的运行效率上统一管理，因此，企事业单位要建设节能控制系统。基于数据分析决策开发的节能控制系统，能有效节省能源、减少大气污染及二氧化碳的排放。

### 2. 采用智能温度控制技术

采用智能温度控制技术是解决耗电量高问题的关键手段。节能控制系统需通过智能控制的方法实现节能。例如，已有的研究表明，设定合适的空调温度——夏天28℃，可以得到良好的节约效果。以北京市为例，可节电 7.07 亿～7.77 亿 kW · h。在节约用电上，变频技术与智能化控制技术相结合。例如，电信基站的各个站点运行参数的设置缺乏科学的指导，没有合适的温度控制模型。针对电信业的营业厅、独立传输机房、办公楼、机房楼、基站等的新风/空调系统，设置合理的温度控制模型，利用智能化控制技术，提供空调系统节能控制装置的温度控制方法，实现环境温度变化时的空调控制温度的自动调整。

### 3. 改进空调系统节能方法

现实环境是一个不确定的环境，以空调系统的节能为例，针对不确定(模糊、随机、模糊随机、随机模糊)环境，首先利用节能控制系统对电信业的营业厅、独立传输机房、办公楼、机房楼、基站等进行耗电量的数据采集；然后采取数据分析技术，对耗电量进行分析、决策。针对空调系统运行能耗高的特点，对耗电量进行精确的集中控制，以降低其能耗。不确定环境下的控制软件采用现代不确定控制技术，综合环境、系统参数及设备静、动态参数进行分析处理，根据长期实践的经验、专业的节能技术知识以及人的思维过程建立控制温度决策模型；在大量样本基础上，得出最优控制策略；控制系统能实时跟踪环境、系统参数及设备运行情况做出最优控制，达到节能降耗的目的。智能控制主要是把已有知识经验应用在这些不确定性、模糊性、辨识复杂的系统中，能够在更大范围内快速自学、自组织以经验推理分析出新的知识信息。

本书主要针对环境状况，研究通信基站节能技术，提供空调系统节能控制装置的温度控制方法，研究基站能耗控制策略。

本书第 4 章以我国移动通信基站为例，研究不确定环境下的节能系统。构建空调系统的节能系统，在运行管理阶段，从能源管理的角度分析系统，采取合理措施实现空调节能，以期量化节能效果。

本章及第 5～9 章以我国移动通信基站为例，研究不确定环境(模糊、模糊随机)下节能系统的温度控制方法。第 5 章分析通信基站的热环境；第 6 章提出自适应的温度控制方法；第 7 章提出不确定环境下的温度控制系统的模糊神经网络控制方法；第 8 章探讨基于灰色预测模糊神经网络的空调房间温度控制方法；第 9 章研究模糊随机环境下的能耗控制理论与方法，并建立空调自动温度控制的自学习模型，实现整个空调系统的最优化控制。

第 10 章提出不确定环境下的节电方案的选择方法，提供节能控制策略。

一段时间的用电量常常是不确定的。电量预测是企业在发展过程中要考虑的一项工作，通过对电量预测分析，提升电量预测的准确率，可以对数据进行有效的掌握。这样，企业在发展过程中，才能结合相关数据做出正确的发展决策。在以后的研究中，需要提出基于神经网络的空调环境耗电量预测方法，并应用在通信基站空调环境中。与以往基于历史电量，采用简单的耗电量线性回归或者时间序列预测模型预计未来电量的方法不同，需要对电量及其相关因素(如温度等)进行分析，进一步揭示耗电量与室内温度、室外温度、控制温度之间的非线性映射关系，基于室内温度、室外温度、控制温度与历史耗电量，在对温度与耗电量之间复杂映射关系进行研究的基础上，利用神经网络技术和灰色系统理论，提出温度-耗电量神经网络预测模型，预测耗电量。为耗电量分析预测提供一种新的思路和方法。

# 第3章　理论基础

本章介绍不确定理论及相关方法。此外,介绍本书研究所使用的几种智能优化理论及方法。

## 3.1　不确定理论及相关方法

不确定理论及相关方法包括随机变量、模糊变量、模糊随机变量及模糊随机规划模型等。

### 3.1.1　随机变量

概率论是一门研究随机现象数量规律的数学分支,发展历史比较悠久,已经广泛地应用于工程、管理、军事、航空航天等领域[46]。下面介绍概率论的基本概念和结论[47,48]。

**定义 3.1**　设 $\Omega$ 是非空集合, $A$ 是由 $\Omega$ 的一些子集构成的 $\sigma$ 代数,而 Pr 为概率测度,则三元组 $(\Omega,A,\mathrm{Pr})$ 称为概率空间。

**定义 3.2**　设 $\xi$ 为样本空间 $\Omega$ 到实数域 R 的函数,若对于每个 Borel 集 $B \subset \mathrm{R}$ ,有

$$\{\omega \in \Omega \mid \xi(\omega) \in B\} \in A$$

则称 $\xi$ 为概率空间 $(\Omega,A,\mathrm{Pr})$ 上的一个随机变量。

**定义 3.3**　设 $\xi$ 为样本空间 $\Omega$ 到 $\mathrm{R}^n$ 的函数,若对于每个 Borel 集 $B \in \mathrm{R}^n$ ,有

$$\{\omega \in \Omega \mid \xi(\omega) \in B\} \in A$$

则称 $\xi$ 为概率空间 $(\Omega,A,\mathrm{Pr})$ 上的 $n$ 维随机向量。

向量 $(\xi_1,\xi_2,\cdots,\xi_n)$ 为随机向量的充要条件是 $\xi_1,\xi_2,\cdots,\xi_n$ 为随机变量。

**定义 3.4**　设 $f:\mathrm{R}^n \rightarrow \mathrm{R}$ 为 Borel 可测函数,且 $\xi_i$ 为定义在概率空间 $(\Omega_i,A_i,\mathrm{Pr}_i)$ 的随机变量, $i=1,2,\cdots,n$ ,则称 $\xi=f(\xi_1,\xi_2,\cdots,\xi_n)$ 为乘积概率空间 $(\Omega,A,\mathrm{Pr})$ 上的随机变量,且

$$\xi(\omega_1,\omega_2,\cdots,\omega_n)=f(\xi_1(\omega_1),\xi_2(\omega_2),\cdots,\xi_n(\omega_n))$$

式中, $(\omega_1,\omega_2,\cdots,\omega_n) \in \Omega$ 。

设 $\xi$ 为定义在概率空间 $(\Omega,A,\mathrm{Pr})$ 上的 $n$ 维随机向量,且 $f:\mathrm{R}^n \rightarrow \mathrm{R}$ 为 Borel

可测函数,则 $f(\xi)$ 为随机变量。

**定义 3.5** 设 $\xi$ 为定义在概率空间 $(\Omega,A,\Pr)$ 上的随机变量,函数 $\Phi:[-\infty,+\infty]\to[0,1]$,若

$$\Phi(x)=\Pr\{\omega\in\Omega\mid\xi(\omega)\leqslant x\}$$

则称 $\Phi$ 为随机变量 $\xi$ 的概率分布函数。

**定义 3.6** 设 $\xi$ 为一随机变量,$\Phi$ 为 $\xi$ 的概率分布函数。如果对所有的 $x$,函数 $\Phi:\mathrm{R}\to[0,+\infty)$ 满足

$$\Phi(x)=\int_{-\infty}^{x}\Phi(y)\mathrm{d}y$$

则称 $\Phi$ 为随机变量 $\xi$ 的概率密度函数。

**定义 3.7** 设 $\xi_1,\xi_2,\cdots,\xi_n$ 为随机变量,若对 R 上的任意 Borel 集 $B_1,B_2,\cdots,B_m$,有

$$\Pr\{\xi_i\in B_i,i=1,2,\cdots,m\}=\prod_{i=1}^{m}\Pr\{\xi_i\in B_i\}$$

则称 $\xi_1,\xi_2,\cdots,\xi_n$ 为相互独立的随机变量。

**定义 3.8** 设 $\xi$ 为概率空间 $(\Omega,A,\Pr)$ 上的随机变量,称

$$E[\xi]=\int_{0}^{+\infty}\Pr\{\xi\geqslant r\}\mathrm{d}r-\int_{-\infty}^{0}\Pr\{\xi\leqslant r\}\mathrm{d}r \tag{3.1}$$

为随机变量 $\xi$ 的期望值(为了避免出现$\infty-\infty$情形,要求式(3.1)右端中两个积分至少有一个有限)。

**定理 3.1** 当随机变量 $\xi$ 有概率密度函数 $\Phi$ 时,若 Lebesgue 积分

$$\int_{-\infty}^{+\infty}x\Phi(x)\mathrm{d}x$$

存在且有限,则

$$E[\xi]=\int_{-\infty}^{+\infty}x\Phi(x)\mathrm{d}x$$

### 3.1.2 模糊变量

在经典集合论中,论域 $U$ 上的一个普通集合 $A$ 定义为 $U$ 中某些元素 $x$ 组成的群体。每个元素或者属于集合 $A$,或者不属于集合 $A$。然而,在很多情形下这种隶属关系并不是明确的,如"强壮"、"著名"、"年轻"等,这些概念所表达的含义并不是具体、明确的。在这种情况下,经典集合论并不适用。为了处理这类问题,出现了模糊集的概念。目前,模糊集理论发展很快,模糊技术几乎渗透到所有领域,例如,Kaufmann 提出了模糊变量的概念,Zadeh 提出了可能性理论,Liu 发展了一套完善的类似于概率论的、研究模糊性的公理体系的可信性理论[47,49~58]。

**定义 3.9**　设 $U$ 为论域。$\widetilde{A}$ 为 $U$ 的一个子集，对任意元素 $x \in U$，函数

$$\mu_{\widetilde{A}}: U \to [0,1]$$

指定了一个值 $\mu_{\widetilde{A}}(x) \in [0,1]$ 与之对应。$\mu_{\widetilde{A}}(x)$ 在元素 $x$ 处的值反映了元素 $x$ 属于 $\widetilde{A}$ 的程度。集合 $\widetilde{A}$ 称为模糊子集，而 $\mu_{\widetilde{A}}(x)$ 称为 $\widetilde{A}$ 的隶属度函数。

按照定义 3.9，$\mu_{\widetilde{A}}(x)$ 的值越大，元素 $x$ 属于 $\widetilde{A}$ 的程度也就越高。

在可能性理论中，$\mathrm{Pos}\{A\}$ 描述了事件 $A$ 发生的可能性。为了保证 $\mathrm{Pos}\{A\}$ 在实际应用中的合理性，它需要满足一些数学性质，其中有 4 条公理是必须满足的。

假设 $\Theta$ 为非空集合，$P(\Theta)$ 表示 $\Theta$ 的幂集。

**公理 3.1**　$\mathrm{Pos}\{\Theta\} = 1$。

**公理 3.2**　$\mathrm{Pos}\{\Theta\} = 0$。

**公理 3.3**　对于 $P(\Theta)$ 中的任意集合 $\{A_i\}$，$\mathrm{Pos}\{\bigcup_i A_I\} = \sup_i \mathrm{Pos}\{A_i\}$。

**公理 3.4**　假设 $\Theta$ 为非空集合，其上定义的 $\mathrm{Pos}_i\{\cdot\}(i = 1,2,\cdots,n)$ 满足公理 3.1～公理 3.3，并且 $\Theta = \Theta_1 \times \Theta_2 \times \cdots \times \Theta_n$，对于每个 $A \in P(\Theta)$，有

$$\mathrm{Pos}\{A\} = \sup_{(\theta_1,\theta_2,\cdots,\theta_n)\in A} \mathrm{Pos}_1\{\theta_1\} \wedge \mathrm{Pos}_2\{\theta_2\} \wedge \cdots \wedge \mathrm{Pos}_n\{\theta_n\}$$

记作 $\mathrm{Pos} = \mathrm{Pos}_1 \wedge \mathrm{Pos}_2 \wedge \cdots \wedge \mathrm{Pos}_n$。

**定义 3.10**　假设 $\Theta$ 为非空集合，$P(\Theta)$ 表示 $\Theta$ 的幂集。如果 Pos 满足公理 3.1～公理 3.3，则称其为可能性测度[52]。

**定义 3.11**　假设 $\Theta$ 为非空集合，$P(\Theta)$ 表示 $\Theta$ 的幂集。如果 Pos 为可能性测度，则三元组 $(\Theta, P(\Theta), \mathrm{Pos})$ 称为可能性空间[52]。

一个事件的必要性测度定义为其对立事件的不可能性。

**定义 3.12**　假设 $(\Theta, P(\Theta), \mathrm{Pos})$ 为可能性空间，$A$ 为幂集 $P(\Theta)$ 中的一个元素，事件 $A$ 的必要性测度为

$$\mathrm{Nec}\{A\} = 1 - \mathrm{Pos}\{A^c\}$$

**定义 3.13**　假设 $(\Theta, P(\Theta), \mathrm{Pos})$ 为可能性空间，$A$ 为幂集 $P(\Theta)$ 中的一个元素，事件 $A$ 的可信性测度为[58]

$$\mathrm{Cr}\{A\} = \frac{1}{2}(\mathrm{Pos}\{A\} + \mathrm{Nec}\{A\})$$

**定义 3.14**　假设 $\xi$ 为一从可能性空间 $(\Theta, P(\Theta), \mathrm{Pos})$ 到实直线 $R$ 上的函数，则称 $\xi$ 为一个模糊变量[52]。

假设 $\xi$ 是可能性空间 $(\Theta, P(\Theta), \mathrm{Pos})$ 上的模糊变量，它的隶属度函数可由可能性测度 Pos 导出，即

$$\mu(x) = \mathrm{Pos}\{\theta \in \Theta \mid \xi(\theta) = x\}, \quad x \in \mathrm{R}$$

**定义 3.15**　如果 $\xi$ 是从可能性空间 $(\Theta, P(\Theta), \text{Pos})$ 到 $n$ 维欧几里得空间的函数，则称 $\xi$ 为一个模糊向量[54]。

**定理 3.2**　数组 $(\xi_1, \xi_2, \cdots, \xi_n)$ 是一个模糊向量，当且仅当 $\xi_1, \xi_2, \cdots, \xi_n$ 为模糊变量[54]。

**定义 3.16**　假设 $f: \mathrm{R}^n \to \mathrm{R}$ 是函数，$\xi_1, \xi_2, \cdots, \xi_n$ 为可能性空间 $(\Theta, P(\Theta), \text{Pos})$ 上的模糊变量，则 $\xi = f(\xi_1, \xi_2, \cdots, \xi_n)$ 是一个模糊变量，定义为[54]

$$\xi(\theta) = f(\xi_1(\theta), \xi_2(\theta), \cdots, \xi_n(\theta)), \quad \forall \theta \in \Theta$$

**定义 3.17**　假设 $\xi$ 为模糊变量，若函数 $\Phi: [-\infty, +\infty] \to [0,1]$ 满足

$$\Phi(x) = \text{Cr}\{\theta \in \Theta \mid \xi(\theta) \leqslant x\}$$

则 $\Phi$ 称为模糊变量 $\xi$ 的可信性分布[54]。

可信性分布 $\Phi(x)$ 是模糊变量 $\xi$ 取值小于或等于 $x$ 的可信性。

**定义 3.18**　假设 $\xi$ 为模糊变量，$\Phi$ 为 $\xi$ 的可信性分布。若函数 $\Phi: \mathrm{R} \to [0, +\infty)$ 对所有的 $x \in [-\infty, +\infty]$ 满足[54]

$$\Phi(x) = \int_{-\infty}^{x} \Phi(y)\,\mathrm{d}y$$

则 $\Phi$ 称为模糊变量 $\xi$ 的可信性密度函数。

**定义 3.19**　假设 $\xi_1, \xi_2, \cdots, \xi_m$ 为模糊变量，若对实数集 R 上的任意的子集 $B_1, B_2, \cdots, B_m$，有[51]

$$\text{Pos}\{\xi_i \in B_i, i = 1, 2, \cdots, m\} = \min_{1 \leqslant i \leqslant m} \text{Pos}\{\xi_i \in B_i\}$$

则称 $\xi_1, \xi_2, \cdots, \xi_m$ 为相互独立的模糊变量。

**定理 3.3**(Zadeh 扩展原理)　假设 $\xi_1, \xi_2, \cdots, \xi_n$ 为相互独立的模糊变量，其隶属度函数分别表示为 $\mu_1, \mu_2, \cdots, \mu_n$。如果 $f: \mathrm{R}^n \to \mathrm{R}$ 是一个实值函数，那么 $\xi = f(\xi_1, \xi_2, \cdots, \xi_n)$ 的隶属度函数 $\mu$ 由 $\mu_1, \mu_2, \cdots, \mu_n$ 导出，即[50]

$$\mu(x) = \sup_{x_1, x_2, \cdots, x_n \in \mathrm{R}} \{\min_{1 \leqslant i \leqslant n} \mu_i(x_i) \mid x = f(x_1, x_2, \cdots, x_n)\}$$

**定义 3.20**　假设 $\xi$ 为可能性空间 $(\Theta, P(\Theta), \text{Pos})$ 上的模糊变量，则称

$$E[\xi] = \int_{0}^{+\infty} \text{Cr}\{\xi \geqslant r\}\,\mathrm{d}r - \int_{-\infty}^{0} \text{Cr}\{\xi \leqslant r\}\,\mathrm{d}r \tag{3.2}$$

为模糊变量 $\xi$ 的期望值(为了避免出现$\infty - \infty$情形，要求式(3.2)右端中两个积分至少有一个有限)[58]。

式(3.2)也适用于离散型模糊变量的情形。设 $\xi$ 为离散型模糊变量，其隶属度函数为

$$\mu(x) = \begin{cases} \mu_1, & x = a_1 \\ \mu_2, & x = a_2 \\ \vdots & \vdots \\ \mu_N, & x = a_N \end{cases}$$

不失一般性,假设 $a_1 < a_2 < \cdots < a_N$ 。由定义 3.20 可知,模糊变量 $\xi$ 的期望值为

$$E[\xi] = \sum_{i=1}^{N} \omega_i a_i$$

式中,权重 $\omega_i (i = 1, 2, \cdots, N)$ 分别为

$$\omega_1 = \frac{1}{2}(\mu_1 + \max_{1 \leqslant j \leqslant N} \mu_j - \max_{1 \leqslant j \leqslant N} \mu_j)$$

$$\omega_i = \frac{1}{2}(\max_{1 \leqslant j \leqslant i} \mu_j - \max_{1 \leqslant j \leqslant t} \mu_j + \max_{i \leqslant j \leqslant N} \mu_j - \max_{i \leqslant j \leqslant N} \mu_j), \quad 2 \leqslant i \leqslant N-1$$

$$\omega_N = \frac{1}{2}(\max_{1 \leqslant j \leqslant N} \mu_j - \max_{1 \leqslant j \leqslant N} \mu_j + \mu_N)$$

**定理 3.4** 假设 $\xi$ 和 $\eta$ 是相互独立的模糊变量,并且期望值有限,则对任意的实数 $a$ 和 $b$ ,有[55]

$$E[a\xi + b\eta] = aE[\xi] + bE[\eta]$$

### 3.1.3 模糊随机变量

2003 年 Liu 等提出了模糊随机变量的概念[56]。

**定义 3.21** 假设 $\xi$ 是一个从概率空间 $(\Omega, A, \Pr)$ 到模糊变量集合的函数。如果对于 R 上的任何 Borel 集 $B$ , $\text{Pos}\{\xi(\omega) \in B\}$ 是 $\omega$ 的可测函数,则称 $\xi$ 为一个模糊随机变量[56]。

**定义 3.22** 设 $\xi$ 是概率空间 $(\Omega, A, \Pr)$ 上的模糊随机变量。如果对于每个 $\omega \in \Omega$ ,期望值 $E[\xi(\omega)]$ 是有限的,则 $E[\xi(\omega)]$ 是一个随机变量[56]。

**定义 3.23** 假设 $\xi$ 是一个从概率空间 $(\Omega, A, \Pr)$ 到一个 $n$ 维模糊向量集合的函数。如果对于 $R^n$ 上的任何 Borel 集 $B$ ,函数 $\text{Pos}\{\xi(\omega) \in B\}$ 是 $\omega$ 的可测函数,则称 $\xi$ 为一个 $n$ 维模糊随机向量[56]。

**定理 3.5** 假设 $\xi$ 是 $n$ 维模糊随机向量。如果函数 $f: R^n \to R$ 是 Borel 可测的,则 $f(\xi)$ 是模糊随机变量[56]。

**定义 3.24** 设 $\xi$ 为定义在概率空间 $(\Omega, A, \Pr)$ 上的模糊随机变量,则称

$$E[\xi] = \int_0^{+\infty} \Pr\{\omega \in \Omega \mid E[\xi(\omega)] \geqslant r\} \mathrm{d}r - \int_{-\infty}^{0} \Pr\{\omega \in \Omega \mid E[\xi(\omega)] \leqslant r\} \mathrm{d}r$$

为 $\xi$ 的期望值(为了避免出现 $\infty - \infty$ 情形,要求上式右端中两个积分至少有一个有限)[56]。

### 3.1.4 模糊随机规划模型

2002 年和 2003 年,Liu 等提出了模糊随机规划模型及其求解[57,58]。

### 1. 模糊随机期望值模型

在模糊随机环境下，为了做出能够得到最大期望回报的决策，2003 年，Liu 等提出了以下单目标模糊随机期望值模型：

$$\begin{cases} \max E[f(x,\xi)] \\ \text{s. t. } E[g_j(x,\xi)] \leqslant 0, \quad j=1,2,\cdots,p \end{cases} \tag{3.3}$$

式中，$x$ 是决策向量；$\xi$ 是模糊随机向量；$f(x,\xi)$ 是目标函数；$g_j(x,\xi)$ 是约束函数，$j=1,2,\cdots,p$ 。

### 2. 模糊随机规划模型的求解

求解模糊随机规划模型的一个关键是计算不确定函数的值。然而，在很多情况下，要得到不确定函数的精确值是非常困难或不可能的。因此，可以利用模糊随机模拟技术模拟得到这些值的估计值。

设 $f: \mathrm{R}^n \to \mathrm{R}$ 是可测函数，$\xi$ 是定义在概率空间 $(\Omega,A,\mathrm{Pr})$ 上的模糊随机向量。

对 $E[f(\xi)]$ 的模糊随机模拟如下。

**步骤 1**　令 $e=0$。

**步骤 2**　从 $\Omega$ 中按照概率 Pr 取样本点 $\omega$ 。

**步骤 3**　$e \leftarrow e + E[f(\xi(\omega))]$，其中 $E[f(\xi(\omega))]$ 可以通过模糊模拟得到。

**步骤 4**　重复步骤 2 和步骤 3，共 $N$ 次，其中 $N$ 是充分大的数。

**步骤 5**　计算 $E[f(\xi)]=e/N$ 。

**步骤 6**　输出 $E[f(\xi)]$ 。

其中步骤 3 中通过模糊模拟得到 $E[f(\xi)]$ 的模糊模拟如下。

设 $f: \mathrm{R}^n \to \mathrm{R}$ 是一个函数，$\xi$ 是可能性空间 $(\Theta,P(\Theta),\mathrm{Pos})$ 上的模糊向量。因此，对 $E[f(\xi)]$ 的模糊模拟具体如下。

**步骤 1**　令 $e=0$。

**步骤 2**　从 $\Theta$ 中均匀产生 $\theta_k$ 使其满足 $\mathrm{Pos}\{\theta_k\} \geqslant \varepsilon, k=1,2,\cdots,N$ ，其中 $\varepsilon$ 是充分小的正数，$N$ 是充分大的数。

**步骤 3**　令 $v_k = \mathrm{Pos}\{\theta_k\}$ 。

**步骤 4**　令 $a=f(\xi(\theta_1)) \wedge \cdots \wedge f(\xi(\theta_N))$ ，$b=f(\xi(\theta_1)) \wedge \cdots \wedge f(\xi(\theta_N))$ 。

**步骤 5**　从 $[a,b]$ 中均匀产生 $r$ 。

**步骤 6**　如果 $r \geqslant 0$，那么 $e \leftarrow e + \mathrm{Cr}\{f(\xi) \geqslant r\}$ ，其中

$$\mathrm{Cr}\{f(\xi) \geqslant r\} = \frac{1}{2}\left(\max_{1 \leqslant k \leqslant N}\{v_k \mid f(\xi(\theta_k)) \geqslant r\} + \min_{1 \leqslant k \leqslant N}\{1 - v_k \mid f(\xi(\theta_k)) < r\}\right)$$

**步骤7** 如果 $r\leqslant 0$，那么 $e\leftarrow e-\mathrm{Cr}\{f(\xi)\leqslant r\}$，其中

$$\mathrm{Cr}\{f(\xi)\leqslant r\}=\frac{1}{2}\left(\max_{1\leqslant k\leqslant N}\{v_k \mid f(\xi(\theta_k))\leqslant r\}+\min_{1\leqslant k\leqslant N}\{1-v_k \mid f(\xi(\theta_k))>r\}\right)$$

**步骤8** 重复步骤5～步骤7，共 $N$ 次。

**步骤9** 计算 $E[f(x,\xi)]=a\vee 0+b\wedge 0+e(b-a)/N$。

**步骤10** 返回 $E[f(x,\xi)]$。

## 3.2 控制及优化方法

在实际工作中，数学模型的描述能力和求解方法有相当的局限性，这使得现有的最优化方法在实际应用中受到了很大的制约，存在很多亟待解决的难题，如局部解问题、不确定性等，为了解决这些问题，人们提出并开展了智能优化方法的研究。目前，在控制过程中智能控制算法已有很多种，其中应用广泛且具有可靠性的算法有模糊控制算法、神经网络控制算法、遗传算法、模拟退火算法以及这几种算法的结合应用。本书涉及模糊控制、神经网络控制、模糊神经网络控制、遗传算法及灰色系统理论。

### 3.2.1 模糊控制

模糊控制(fuzzy control，FC)系统主要是由模糊数学和模糊控制规则组成的控制策略。它适用于建模难的受控对象，但很难做到高精度。

与传统控制理论不同，在模糊控制中，不用对被控对象进行数学建模。需要模糊规则库对被控对象进行控制。在被控对象难以建立数学模型时可以选择模糊控制方式。模糊控制的核心是模糊知识库的建立。知识库一般由模糊规则和专家经验组成。模糊控制规则库中的每条规则都可以用模糊蕴含关系表示。模糊控制系统由模糊控制器和被控对象组成，如图3.1所示[59]。

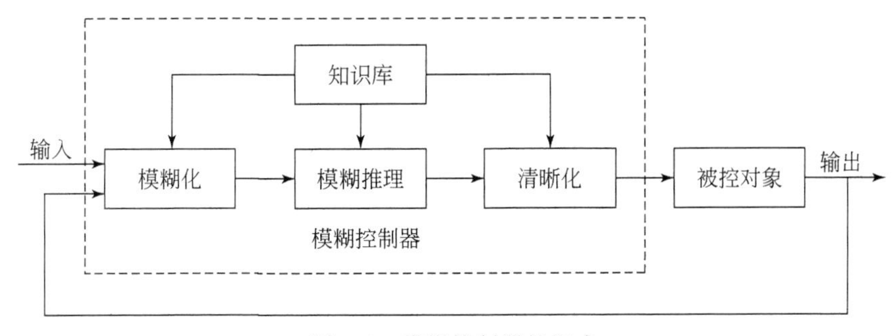


图3.1 模糊控制器的组成

### 3.2.2 神经网络控制

神经网络控制(nerual networks control,NNC)是在控制系统中采用神经网络,对难以精确描述的复杂非线性对象进行建模,或充当控制器,用于优化计算、分析推理、故障诊断等,并且可以兼顾这些功能的适当交叉组合。

神经元网络是基于生物学的神经元网络的基本原理建立的,神经元网络是由许多称为神经元的简单处理单元组成的一类适应系统。而所有的神经元通过前向或回馈的方式相互关联、相互作用。目前研究人员构造出了各种各样的神经元网络,如多层前向神经元网络(也称为多层感知器)、放射函数网络、Kohonen 自组织特征图、适应理论网络、Hopfield 网络、双向辅助存储网络、计数传播网络及认知与新认知网络等。在函数逼近、模式识别、信号处理、时间序列、专家系统、动力系统、人工智能以及优化等方面,都可以用到神经元网络[60,61]。

神经元网络具有对运作机制的学习能力,这是神经元网络的一个重要作用。对运作机制的学习能力不仅表现在对精确样本的学习上,对那些可能不完全或是有噪声的新数据,神经元网络还可以起到校正作用。

1. 人工神经元

与生物学中的神经元类似,人工神经元作为一种简单的处理器可以将到来的信号进行加权求和处理:

$$y=\omega_0+\omega_1x_1+\omega_2x_2+\cdots+\omega_nx_n$$

式中,$x_1,x_2,\cdots,x_n$ 表示输入值;$\omega_0,\omega_1,\omega_2,\cdots,\omega_n$ 表示权重;$y$ 表示神经元的输出。图 3.2 描绘了一个人工神经元的结构。

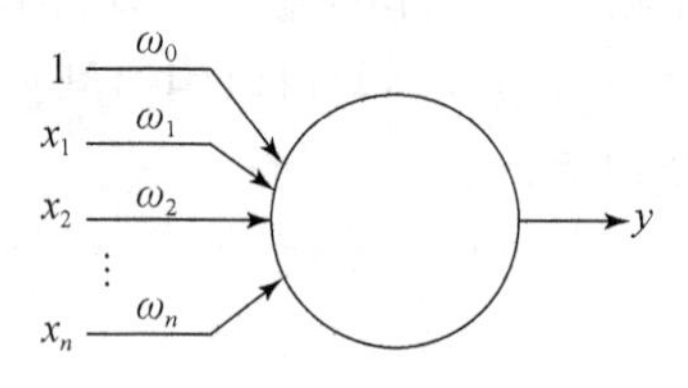


图 3.2 人工神经元

在实际应用过程中,通常定义一个具有无记忆性的非线性函数作为激励函数来改变神经元的输出,即

$$y=\sigma(\omega_0+\omega_1x_1+\omega_2x_2+\cdots+\omega_nx_n)$$

例如,使用 sigmoid 函数 $\sigma(x)=\dfrac{1}{1+\mathrm{e}^{-x}}$ 作为激励函数。激励函数的选择依赖

于其应用的对象。

### 2. 多层前向神经元网络

多层前向神经元网络是目前使用较多的网络结构。它由输入层、一个或多个隐含层和输出层以前向的方式连接而成。其每一层又由许多人工神经元组成，而前一层的输出作为下一层神经元的输入数据，如图3.3所示。

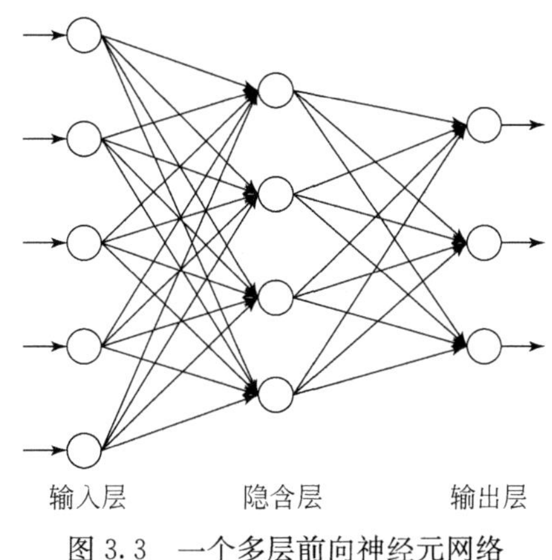


图3.3 一个多层前向神经元网络

先考虑一个只有单隐含层的神经元网络：$n$ 个输入层神经元、$m$ 个输出层神经元和 $p$ 个隐含层神经元，则隐含层神经元的输出为

$$x_i^1=\sigma\left(\sum_{j=1}^{n}\omega_{ij}^0 x_j+\omega_{i0}^0\right),\quad i=1,2,\cdots,p$$

输出层神经元的输出为

$$y_i=\sum_{j=1}^{p}\omega_{ij}^1 x_j^1+\omega_{i0}^1,\quad i=1,2,\cdots,m$$

对于一般情况，假设神经元网络有 $L$ 个隐含层，$n$ 个输入层神经元，$m$ 个输出层神经元，而第 $l$ 个隐含层有 $p_l$ 个神经元，$l=1,2,\cdots,L$ 。则第1隐含层神经元的输出为

$$x_i^1=\sigma\left(\sum_{j=1}^{n}\omega_{ij}^0 x_j+\omega_{i0}^0\right),\quad i=1,2,\cdots,p_l$$

而第 $l$ 隐含层神经元的输出为

$$x_i^l=\sigma\left(\sum_{j=1}^{p_l-1}\omega_{ij}^{l-1} x_j^{l-1}+\omega_{i0}^{l-1}\right),\quad i=1,2,\cdots,p_l;l=2,3,\cdots,L$$

神经元网络最后的输出为

$$y_i = \sum_{j=1}^{p_L} \omega_{ij}^L x_j^L + \omega_{i0}^L, \quad i = 1, 2, \cdots, m$$

### 3. 函数逼近

多层前向神经元网络可以看成从输入空间到输出空间的非线性映射。已经证明具有一个或多个隐含层的前向神经元网络可以以任意精度逼近任何连续的非线性函数。而且,如果有无限个隐含层神经元,只有一个隐含层的前向神经元网络就可对连续函数进行任意精度的逼近。

假设 $f(x): \mathrm{R}^n \rightarrow \mathrm{R}^m$ 是一个连续函数,则希望训练一个前向神经元网络来逼近函数 $f(x)$ 。当网络结构和神经元数目固定以后,网络的权系数的数目也就确定了,记为向量 $W$ 。这时,神经网络的输出映射可以表示为 $F(x, w)$ 。

神经元网络的训练过程就是寻找一个适当的权重向量 $w$ ,从而能够对函数 $f(x)$ 进行逼近。这里用 $\{(x_i, y_i) \mid i = 1, 2, \cdots, N\}$ 来表示训练数据集合。对于输入数据 $x_i$ ,希望选出一组权重使得神经元网络的实际输出 $F(x, w)$ 可以在允许误差内接近其训练数据 $y_i$ 。也就是说,训练过程就是寻找权重向量从而极小化以下误差函数:

$$\mathrm{Err}(w) = \frac{1}{2} \sum_{i=1}^{N} \| F(x_i, w) - y_i \|^2$$

有时,也寻求权重极小化平均误差:

$$\mathrm{Err}(w) = \frac{1}{N} \sum_{i=1}^{N} \| F(x_i, w) - y_i \|$$

### 4. 网络结构的确定

如何确定最佳的网络结构是目前神经元网络研究中的一个重要课题,它依赖于隐含层和隐含层神经元个数多少的选取。

如果具有无限个隐含层神经元,只有一个隐含层的前向神经元网络就可对连续函数进行任意精度的逼近。另外,虽然在一般情况下,两个隐含层的神经元网络比单隐含层的神经元网络具有更好的逼近能力,但在大多数应用问题中,只有一个隐含层的神经元网络就已经足够了。

当隐含层个数确定以后,还需要决定使用多少个隐含层神经元。一方面,太少的隐含层神经元会使网络缺乏逼近能力。另一方面,太多的隐含层神经元又会增加训练时间且降低神经元网络的反应速度。研究人员提出了许多种确定隐含层神经元个数的方法,主要思想是在训练的过程中逐渐增加或减少隐含层神经元的数目。

5. 反向传播算法

权重的大小决定着神经元网络的所有信息。在训练期间，神经元网络的权重不断得到更新，直到满足一些预先给定的条件。也就是说，神经元网络的学习过程是一个权重的修正过程，以使得网络所代表的映射可以和所要求的映射尽可能地接近。这个过程也可以看成一个优化问题，即通过权重的选择极小化网络输出和实际输出之间的误差。

反向传播(back propagation，BP)算法是多层前向神经元网络最初使用的学习算法。它实际上是一种梯度下降的最小化方法。反向传播算法的学习过程，由信息的正向传播和误差的反向传播两个过程组成。输入层各神经元负责接收来自外界的输入信息，并传递给中间层各神经元；中间层是内部信息处理层，负责信息变换，根据信息变化能力的需求，中间层可以设计为单隐含层或者多隐含层结构；最后一个隐含层传递到输出层各神经元的信息，经进一步处理后，完成一次学习的正向传播处理过程，由输出层向外界输出信息处理结果。当实际输出与期望输出不符时，进入误差的反向传播阶段。误差通过输出层，按误差梯度下降的方式修正各层权值，向隐含层、输入层逐层反传。周而复始的信息正向传播和误差反向传播过程，是各层权值不断调整的过程，也是神经网络学习训练的过程，此过程一直进行到网络输出的误差减少到可以接受的程度，或者预先设定的学习次数。

### 3.2.3 模糊神经网络控制

为了提高整个系统的表达能力和学习能力，选择一种表达能力清晰和学习能力较强的两种控制算法有机结合——模糊神经网络(fuzzy neural network，FNN)。对于模糊控制，当有丰富的专家知识做基础时，可采用模糊控制建立的模糊集合、隶属度函数和模糊规则，针对一些复杂、非线性的系统进行分析、研究和控制。而神经网络具有良好的自组织和自学习能力，两者结合可同时用于建模复杂的非线性系统。

在模糊控制系统中，对具有不确定性的系统控制，人们常采用模糊逻辑关系表述。这种逻辑关系是根据专家知识经验建立的模糊规则。当环境条件改变时，这种模糊控制的专家系统不能随着环境的改变自动更新变化，由于这样的局限性，无法寻找到最优隶属度函数。而神经网络擅长并行处理数据并在数据中寻优的模式。神经网络对语言性的变量无法进行分析处理，但是神经网络系统具有并行处理数据能力，可以在结果中寻找最优解。所以，可将模糊理论与神经网络有效结合，汇聚神经网络的自学习能力、自适应能力和模糊控制的推理、联想为一体。两种控制方式相结合能够扬长避短。

模糊神经网络的结合方式有很多种，如神经网络与模糊控制系统串联结合、神经网络系统与模糊控制系统并联结合、单项引入神经网络与模糊控制系统的结合、双向引入神经网络与模糊控制系统的结合，无论哪一种结合方式都应该有效发挥模糊控制与神经网络的基本功能。常用的模糊神经网络系统是基于模糊控制系统的运算逻辑为主体构造的。

### 3.2.4 遗传算法

遗传算法(genetic algorithm，GA)是近年来迅速发展起来的一种随机搜索与优化算法，其基本思想是基于达尔文(Darwin)的进化论和孟德尔(Mendel)的遗传学说。遗传算法由美国密歇根州立大学教授 Holland 等于 1975 年创建。此后，遗传算法的研究引起了国内外学者的关注。对于以往难以解决的函数优化问题、复杂的多目标规划问题，如机器学习、人工神经网络的权系数调整和网络构造等问题，遗传算法是最有效的方法之一。

1. 遗传算法基本原理

自然界的物种进化过程是一种基于种群的进化过程，表现出很强的鲁棒性和适应能力。因此，人们开始试图在计算机上模仿生物进化过程而发展出随机优化技术以解决传统的优化算法难以解决的复杂问题。遗传算法之父、美国学者 Holland 教授的专著 *Adaption in Natural and Artificial Systems* 标志着遗传算法的诞生。Holland 教授通过对生物进化过程进行模拟，抽象出这种全新概率优化方法，目前已在许多领域得到应用。Goldberg 博士 1989 年编写的 *Genetic Algorithm in Search，Optimization and Machine Learning* 一书对遗传算法的发展历史、现状、各种算法及在实际工程中的应用进行了详细的阐述[62]。

遗传算法是一种模拟方法，主要采用基于达尔文进化论的几种模拟技术，如适者生存、染色体选择、突变和交叉等，借鉴生物界自然选择和自然遗传机制形成的随机搜索算法，适用于最优控制、运输问题、旅行商问题、作图、设备选址、统计、模式识别、车辆调度和网络优化等实际问题。遗传算法通过模拟自然进化过程来搜索最优解。

遗传算法从一组随机产生的初始解(称为群体)开始搜索过程。对一个优化问题，首先定义与之相关的染色体(chromosome)：把问题的解数值化，并进行二进制编码，形成一条位串，该条位串就代表一个染色体。群体中的每个个体是问题的一个解，称为染色体。每一个染色体代表一个寻优目标空间内的可行解。多个基本可行解的集合称为群体(population),它描述遗传算法搜索的遗传空间。这些染色体在后续迭代中不断进化,称为遗传。遗传算法主要通过交叉(crossover)、变异(mutation)、选择(selection)运算实现。交叉或变异运算生成下一代染色体,称为后代。遗传算法中使用适应度(fitness)这个概念来度量群体中的各个个体的染色体在优化计算中有可能到达最优解的优良程度。对应于每个染色体,定义一个与问题有关的性能函数,表示这个染色体对该问题的适应度。在一个进化周期里,一组数目固定的染色体(一般为50个)相互竞争,并通过突变或交叉复制给下一代,根据适应度的大小从上一代和后代中选择一定数量的个体,作为下一代群体,再继续进化。在整个过程中,染色体按其性能(适应度)的大小顺序排列,而染色体的总数目不变,因而较优的染色体就挤掉较劣的染色体,性能良好的染色体产生较多的后代,低劣的染色体产生的后代较少。这样,经过许多代的进化,染色体的平均性能就提高了,算法收敛于最好的染色体,它很可能就是问题的最优解或次优解。度量个体适应度的函数称为适应度函数(fitness function)。适应度函数的定义一般与具体求解的问题有关。建立适应度函数以确定种群各个成员的优劣,适应度越大,相应于该成员所代表的解越优。适应度函数的选择能有效地指导搜索空间沿着面向优化参数组合方向,逐渐逼近最佳参数组合,而不会导致不收敛或陷入局部最优。

#### 2. 遗传算法计算过程

对于工程优化问题——无约束问题和约束问题(采用惩罚函数转化成无约束问题),用比例化(scaling)方法将目标函数转化成适应度函数,通过简单的遗传算法的三个过程,即复制、交叉和变异,求得最优。

1)复制过程

复制(reproduction)过程是一个根据群体各成员产生的适应度的优选过程。实际计算中常采用轮赌法(roulette wheel selection)、Rank Selector、Tournament Selector 等方法。高的适应度的个体被选择参与繁殖的机会多。

2)交叉过程

交叉过程是种群成员间信息的交换,从而能够改进种群。交叉过程是选择两个二进制串,再随机产生串中某一位置,以此为界产生和交换子串。根据交叉概率 $p_c$ 确定交叉的发生与否,$p_c$ 一般为 0～1。

3)变异过程

变异过程在生物界确定存在。变异既能使好的基因得以继承下来,同时产生新的基因,从而能够避免复制/杂交的过早收敛,即早熟。变异过程是针对某一染色体串某个基因在繁殖过程中是否发生转变,变异发生与否取决于变异概率 $p_m$ ,$p_m$ 一般为 0～0.02。变异过程包含于交叉过程。

遗传算法的基本计算过程如下。

(1)生成满足所有约束条件的初始种群(initial population),即初始产生固定数量的染色体(一般为 50 个)。

(2)对染色体进行交叉和变异操作,产生交叉操作的概率记为 $p_c$;产生变异操作的概率记为 $p_m$ 。

(3)计算所有染色体的函数值。

(4)根据目标函数值,计算种群中每个染色体的适应度。

(5)通过旋转赌轮,选择染色体。

(6)重复步骤(2)～步骤(5)直到满足终止条件。

(7)将最好的染色体作为最优解,退出循环。

遗传算法具体计算过程流程如图 3.4 所示。

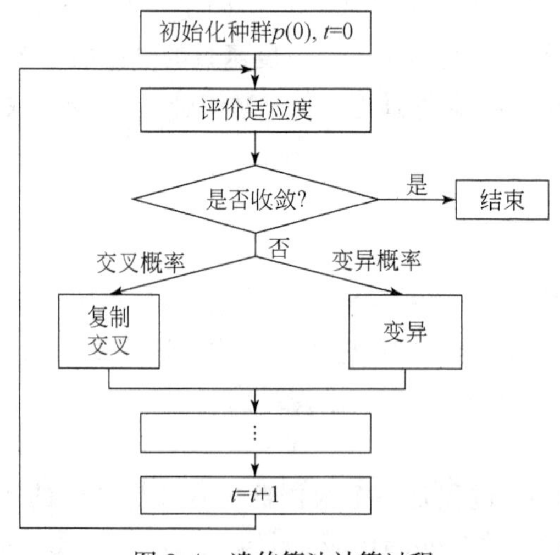


图 3.4 遗传算法计算过程

3. 遗传算法的特点

遗传算法是一种通用而有效的求解最优化问题的方法,通过对群体进行复制、交叉和变异,可以保持在解空间不同区域对多个点的搜索,不容易陷入局部最优,能以很大的概率找到整体最优解。不同于传统寻优算法,遗传算法具有以下特点。

(1)遗传算法的优化搜索是从问题解的集合(种群)开始的,而不是从单个解开始,是多点搜索,从而避免陷于局部最优。

(2)遗传算法在寻优过程中,仅需要得到适应度函数的值作为寻优的依据。遗传算法直接利用适应度函数,而不用导数或其他辅助信息,从而扩展应用范围。

(3)遗传算法利用参数的编码集合,而不是直接作用在参数集合上,通用性强,尤其适用于处理传统优化算法难于解决的复杂问题和非线性问题。

(4)遗传算法是以概率原则指导搜索,使用概率性的而不是确定性的变换规则。

(5)遗传算法在搜索过程中不容易陷入局部最优,即使在所定义的适应度函数是不连续的、非规则的或有噪声的情况下,也能以很大的概率找到全局最优解。

(6)遗传算法采用自然进化机制来表现复杂的现象,能够快速可靠地解决非常困难的问题。

(7)遗传算法具有可扩展性,易于同其他技术混合。

从以上特点可以看出,遗传算法的设计是鲁棒的,能够求得全局最优解。

#### 4. 混合遗传算法研究

遗传算法很稳健,广泛适用于各种问题。然而,单用简单的遗传算法在许多情况下不是十分有效,容易产生早熟现象以及局部寻优能力较差等问题[63]。就任何一个特殊领域而言,遗传算法一般也不是最成功的优化方法。遗传算法往往比不上专门处理该领域问题的算法。如果采取混合的策略,将遗传算法和原有算法有效地结合起来,将原有算法中确有益处的优化技术结合到遗传算法中,就可既吸收原有算法的长处,又保持遗传算法的优点,使得在性能上超过遗传算法和原有算法,如把原有算法的解添加到混合遗传算法的初始群体中。通过这种方式,具有最优选择的混合遗传算法得到的解至少不会比原有算法的解差。混合遗传算法通常比单一算法优越[64,65]。

近年来,出现了遗传算法与其他计算智能方法的相互渗透和结合的很多新方法,如遗传算法正日益和神经网络、模糊推理以及混沌理论等其他智能计算方法相互渗透和结合,并取得不少研究成果,形成了计算智能的研究领域,这对开拓21世纪中新的智能计算技术具有重要意义。遗传算法的出现使神经网络的训练(包括连接权系数的优化、网络空间结构的优化和网络的学习规则优化)有了一个崭新的面貌,目标函数既不要求连续,也不要求可微,仅要求该问题可计算,而且它的搜索始终遍及整个解空间,因此容易得到全局最优解。在遗传算法与神经网络结合的这些系统中,训练信号是模糊的,数据是有噪声的,一般很难正确地给出每个执行的定量评价,如采用遗传算法来学习,就能克服这个困难,显著提高系统的性能。Muhlenhein 分析了多层感知机网络的局限性,并猜想下一代神经网络将会是遗传神经网络。遗传算法还可以用于学习模糊控制规则和隶属度函数，从而更好地改善模糊系统的性能。2000 年，宫赤坤等将模糊逻辑、神经网络和遗传算法有机地结合起来，并应用于温室夏季温湿度控制中，得到了良好的控制效果[66]。

求解模糊随机规划模型的一个关键是计算不确定函数的值。然而，在很多情况下，要得到不确定函数的精确值是非常困难或不可能的。因此，本书很有必要利用模拟得到这些值的估计值。

### 3.2.5 灰色系统理论

灰色系统理论(grey system theory)是 20 世纪 80 年代发展起来的一门学科，于 1982 年由中国学者邓聚龙首先提出，现已广泛应用于经济、农业、生态、地质、管理、工业控制等领域。

针对研究者对系统内部信息和系统本身的了解及认识程度，信息充足、确定(已知)的为白色，信息缺乏、不确定(未知)的为黑色，部分确定与部分不确定的为灰色，所以灰色系统是指部分不明确的系统，任何一个实际系统由于随机干扰等不确定因素的存在也都可视为灰色系统。传统的系统理论，大多研究那些信息比较充分的系统。但是，在客观世界中，大量存在的既不是白色系统(信息完全明确)也不是黑色系统(信息完全不明确)，而是灰色系统，难以精确建立数学模型。

灰色系统理论通过对部分已知信息的生成、开发，实现对现实世界的确切描述和认识。灰色系统模型是利用较少的或不确切的表示系统行为特征的原始数据序列进行生成变换后建立微分方程。环境对系统的干扰，使原始数据序列呈现离乱情况，离乱数列即灰色数列，或称灰色过程，对灰色过程建立的模型称为灰色模型(gery model，GM)。灰色系统模型是揭示系统内部事物连续发展变化过程的模型，所以灰色系统模型一般用微分方程来描述，其中最常用的是 GM(1，1)。

空调系统的节能也可看成一个灰色系统，可以用灰色系统理论进行研究。

1. GM(1，1)

灰色系统理论中的 GM(1，1)是应用最为广泛的灰色模型。自 20 世纪 80 年代由邓聚龙提出以来，因其计算方法简便、所需样本数据较少等优点，得到了广泛的应用[67]。

1)灰色生成

将原始数据列中的数据按某种要求进行数据处理，称为生成。客观世界尽管复杂，表述其行为的数据可能是杂乱无章的，然而它必然是有序的，存在着某种内在规律。但是，这些规律被纷繁复杂的现象所掩盖，人们很难直接从原始数据中找到某种内在的规律。对原始数据进行生成，就是企图从杂乱无章的现象中发现内在规律。

通过对原始数据的整理寻找数的规律，将常用的灰色系统生成方式分为累加生成(即对原始数据列中各时刻的数据依次累加，从而形成新的序列)、累减生成(即对生成序列的前后两数据进行差值运算)和映射生成三类。累加生成与累减生成是灰色系统理论与方法中占据特殊地位的两种数据生成方法，常用于建模，亦称建模生成。

过去不容易用一般控制理论解释的实践中摸索出来的规律，可以用灰色系统理论进行解释、提高，从而使软件更完整、深入、量化；利用灰色系统理论可以得到新的控制系统，有助于促进社会系统与经济系统的量化研究。

2)GM(1,1)建模

GM(1,1)是灰色理论中提出较早的预测模型之一，其建模采用五步建模的思想，即语言模型→网络模型→量化模型→动态模型→优化模型。

灰色系统是对离散序列建立的微分方程。GM(1,1)是一阶微分方程模型，其形式为

$$\frac{\mathrm{d}x}{\mathrm{d}t}+ax=u \tag{3.4}$$

式中，$a$ 为发展灰数；$u$ 为内生控制灰数。

式(3.4)表示变量的变化率 $\frac{\mathrm{d}x}{\mathrm{d}t}$ 与变量本身 $x$ 及控制量 $u$ 的线性组合。按导数定义

$$\frac{\mathrm{d}x}{\mathrm{d}t}=\lim_{\Delta t\to 0}\frac{x(t+\Delta t)-x(t)}{\Delta t}$$

当 $\Delta t$ 很小且取很小的1单位时，则近似地有

$$x(t+1)-x(t)=\frac{\Delta x}{\Delta t}$$

写成离散形式为

$$\frac{\Delta x}{\Delta t}=x(k+1)-x(k)=\Delta^{(1)}(x(k+1))$$

这表示 $\frac{\Delta x}{\Delta t}$ 是 $x(k+1)$ 的一次累减生成，因此 $\frac{\Delta x}{\Delta t}$ 是 $x(k+1)$ 和 $x(k)$ 二元组合等效值，则称 $x(k+1)$ 与 $x(k)$ 的二元组合为偶对，记为 $[x(k+1),x(k)]$。因此，可定义从 $\frac{\mathrm{d}x}{\mathrm{d}t}$ 到偶对 $[x(k+1),x(k)]$ 的一个映射，记为

$$F:[x(k+1),x(k)]\to\frac{\mathrm{d}x}{\mathrm{d}t} \tag{3.5}$$

若定义 $\mathfrak{R}(t)$ 是 $t$ 时刻 $\frac{\mathrm{d}x}{\mathrm{d}t}$ 的背景值，那么每一个 $\frac{\mathrm{d}x}{\mathrm{d}t}$ 都有一个偶对背景值 $\mathfrak{R}(t)$ 与之对应。现在考虑一阶微分方程

$$\frac{\mathrm{d}x}{\mathrm{d}t}+ax=u$$

是 $x$ 、$u$ 与 $\frac{\mathrm{d}x}{\mathrm{d}t}$ 的线性组合。因此，进行这种线性组合时，$\frac{\mathrm{d}x}{\mathrm{d}t}$ 所对应的背景值究竟取偶对 $[x(k+1),x(k)]$ 中的哪一个呢？如果认为当 $\Delta t=1$ 的很短时间内，变量 $x(t)\rightarrow x(t+\Delta t)$ 之间不会出现突变量，那么在 $\Delta t$ 很短时间内，$\frac{\mathrm{d}x}{\mathrm{d}t}$ 的背景值可取其平均值，即

$$z(t)=\frac{1}{2}[x(k)+x(k+1)] \tag{3.6}$$

基于上述机理，GM(1,1)的具体模型及其计算式如下。

设非负原始序列

$$X^{(0)}=\{x^{(0)}(1),x^{(0)}(2),\cdots,x^{(0)}(n)\}$$

对 $X^{(0)}$ 进行一次累加，得到生成数列为

$$X^{(1)}=\{x^{(1)}(1),x^{(1)}(2),\cdots,x^{(1)}(n)\}$$

式中，$x^{(1)}(k)=\sum_{i=1}^{k}x^{(0)}(i)$ 。

$x^{(1)}(k)$ 的 GM(1,1)白化形式的微分方程为

$$\frac{\mathrm{d}x^{(1)}}{\mathrm{d}t}+ax^{(1)}=u \tag{3.7}$$

式中，$a$ 、$u$ 为待定参数，将式(3.7)离散化，得

$$\Delta^{(1)}(x^{(1)}(k+1))+az^{(1)}(k+1)=u \tag{3.8}$$

式中，$\Delta^{(1)}(x^{(1)}(k+1))$ 为 $x^{(1)}$ 在 $(k+1)$ 时刻的累减生成序列；$z^{(1)}(k+1)$ 为 $\frac{\mathrm{d}x^{(1)}}{\mathrm{d}t}$ 在 $(k+1)$ 时刻的背景值。

因为

$$\Delta^{(1)}(x^{(1)}(k+1))=x^{(1)}(k+1)-x^{(1)}(k)=x^{(0)}(k+1) \tag{3.9}$$

$$z^{(1)}(k+1)=\frac{1}{2}(x^{(1)}(k)+x^{(1)}(k+1)) \tag{3.10}$$

将式(3.9)、式(3.10)代入式(3.8)，得

$$x^{(0)}(k+1)=a\left[-\frac{1}{2}(x^{(1)}(k)+x^{(1)}(k+1))\right]+u \tag{3.11}$$

将式(3.11)展开得

$$\begin{bmatrix} x^{(0)}(2) \\ x^{(0)}(3) \\ \vdots \\ x^{(0)}(n) \end{bmatrix} = \begin{bmatrix} -\frac{1}{2}(x^{(1)}(1)+x^{(1)}(2)) & 1 \\ -\frac{1}{2}(x^{(1)}(2)+x^{(1)}(3)) & 1 \\ \vdots & \vdots \\ -\frac{1}{2}(x^{(1)}(n-1)+x^{(1)}(n)) & 1 \end{bmatrix} \begin{bmatrix} a \\ u \end{bmatrix} \tag{3.12}$$

令 $Y=\begin{bmatrix} x^{(0)}(2) \\ x^{(0)}(3) \\ \vdots \\ x^{(0)}(n) \end{bmatrix}$，$B=\begin{bmatrix} -\frac{1}{2}(x^{(1)}(1)+x^{(1)}(2)) & 1 \\ -\frac{1}{2}(x^{(1)}(2)+x^{(1)}(3)) & 1 \\ \vdots & \vdots \\ -\frac{1}{2}(x^{(1)}(n-1)+x^{(1)}(n)) & 1 \end{bmatrix}$，$\Phi=[a \quad u]^{\mathrm{T}}$ 为待辨识参数向量。

因此，式(3.12)可写为

$$Y=B\Phi \tag{3.13}$$

参数向量 $\Phi$ 可用最小二乘法求取，即

$$\hat{\Phi}=[\hat{a} \quad \hat{u}]^{\mathrm{T}}=(B^{\mathrm{T}}B)^{-1}B^{\mathrm{T}}Y \tag{3.14}$$

把求取的参数代入式(3.7)，并求出其离散解为

$$\hat{x}^{(1)}(k+1)=\left[x^{(1)}(1)-\frac{\hat{u}}{\hat{a}}\right]\mathrm{e}^{-\hat{a}k}+\frac{\hat{u}}{\hat{a}} \tag{3.15}$$

还原到原始数据，得

$$\hat{x}^{(0)}(k+1)=\hat{x}^{(1)}(k+1)-\hat{x}^{(1)}(k)=(1-\mathrm{e}^{\hat{a}})\left[x^{(1)}(1)-\frac{\hat{u}}{\hat{a}}\right]\mathrm{e}^{-\hat{a}k} \tag{3.16}$$

式(3.15)、式(3.16)称为 GM(1,1)的时间相应函数模型，它是 GM(1,1)灰色预测的具体计算公式。

2. 灰色预测(与决策)

预测是控制和规划的基础，预测的精度是控制和规划成功的前提，而选择预测的方法是提高预测精度的关键。目前预测的方法有很多种，灰色预测是其中的一种。灰色理论的研究对象是信息不完备的系统，通过已知信息来研究和预测未知领域，从而达到了解整个系统的目的。

灰色理论认为尽管系统的行为现象是朦胧的，数据是复杂的，但它毕竟是有序的，是有整体功能的。灰数的生成，就是从杂乱中寻找规律。同时，灰色理论建立

的是生成数学模型，而不是原始数据模型，因此，灰色预测是一种对含有不确定因素的系统进行预测的方法。灰色预测通过鉴别系统因素之间发展趋势的相异程度，进行关联分析，并对原始数据进行生成处理来寻找系统变动的规律，生成有较强规律性的数据序列，然后建立相应的微分方程模型，从而预测事物未来发展趋势的状况。其用等时距观测到的反映预测对象特征的一系列数量值构造灰色预测模型，预测未来某一时刻的特征量，或达到某一特征量的时间。

在灰色系统理论中，灰色预测的关键是建立灰色预测模型。灰色模型从理论上来讲可以建立近似一阶微分方程。建立在灰色系统理论基础上的模型具有原理简单、所需样本少、计算方便等特点，具有能够利用“少数据”建模寻求现实规律的良好特性，可有效克服数据不足或系统周期短的矛盾，已在许多领域的预测、仿真工作中得到了应用[68,69]。

在灰色模型中，利用灰色模型可对系统的发展变化进行全面的分析观察，并做出预测。GM(1,1)是根据关联度、生成数的灰导数以及灰微分等观点建立起来的微分方程。灰色预测控制就是建立在GM(1,1)的基础上，在该预测算法中仅需辨识出两个模型参数(发展系数 $a$ 和灰色作用量 $b$)，具有预测需要的原始数据少，不需要建立被控对象的模型，所以它不需要建立被控对象的模型，具有较强的自适应性，计算量小，使用简单且速度快，适用于复杂的动态过程，能够满足对系统的实时控制。温度控制过程是一个复杂的多变量系统，且这些变量之间相互影响、相互关联，因此可采用多变量灰色模型。

# 第4章　不确定环境下的节能系统

本书以通信基站的电能耗控制为例。电力消耗是移动通信运营商主要的能源消耗。而在电力消耗中,基站耗电占到运营商总耗电量的60%～70%。因此,基站的节能是通信行业节能工作中最关键、最重要的一个环节。基站能耗主要包括:空调能耗、风机能耗以及不可预测的其他能耗。其中空调能耗在整个能耗中所占的比例最大。

基站空调系统主要由空调设备、控制检测装置和被控对象等组成。通信基站空调系统热环境是不确定的环境,在这种情况下,本章将已建站点用能的全过程作为一个系统加以综合研究,应用通风工程、空气动力学、系统工程等的理论与方法,构建高效低碳节能系统。在对节能控制科学诊断、量化评测、统一管理的基础上,针对不确定的环境温度和现有技术的局限性,研究一种新风/空调系统节能控制装置及不确定环境下自适应温度控制方法,特别是在不确定环境下温度控制的自学习模型的建立方法。首先,采集数据。其次,进行不确定化推理,建立决策控制温度阈值的优化模型。建立的有关耗电量的优化模型(模型的决策目标是最小化用电量,约束条件是满足控制温度,决策变量为冷源设备的行为)用于决策冷源设备的行为。再次,设计混合智能算法,得出模型的最优解。最后,进行全局的调整和优化。

具有不确定环境下温度控制的自适应模型的新风/空调系统,是既可以科学降低空调系统耗电量,又可以提高基站空调设备运行效率的高效节能控制系统。针对气温变化特点,能有效节省能源、减少大气污染及二氧化碳排放。一年四季根据外界气候情况,自动控制室内温度,冬季比环境空气温度高,夏季比环境空气温度低,室内温度变化相对稳定,解决了使室内在无人状态下保持机器适宜温度的问题。研究的温度控制的自学习模型和策略能够有效量化和控制基站的节电量。做好基站的节能,有利于完成节能减排考核指标,为节能减排做贡献。

## 4.1　节能管理信息系统结构

为了有效解决通信基站室内在无人状态下保持机器适宜温度的问题,应按照先进性、可靠性、经济合理性、易操作性、易维护性的原则设计基站新风/空调系统。

按照先进性原则，在设计节能系统时，首先应保证技术方面的先进性，即从机械原理、空气动力学、电子通信控制和传输等方面，最大限度地实现通信机房的节能降耗；按照可靠性原则，在设计节能系统时，应该在保证节能的前提下，力求系统简单化；按照经济合理性原则，在系统设计时，应充分考虑性能价格比，在保证节能的前提下，尽量降低系统的成本；按照易操作、易维护原则，在系统设计时，应充分考虑现场和操作实际，最大限度地减少现场操作，并且要使系统的维护简便、易行。

不确定环境下的节能控制系统的功能如图 4.1 所示。

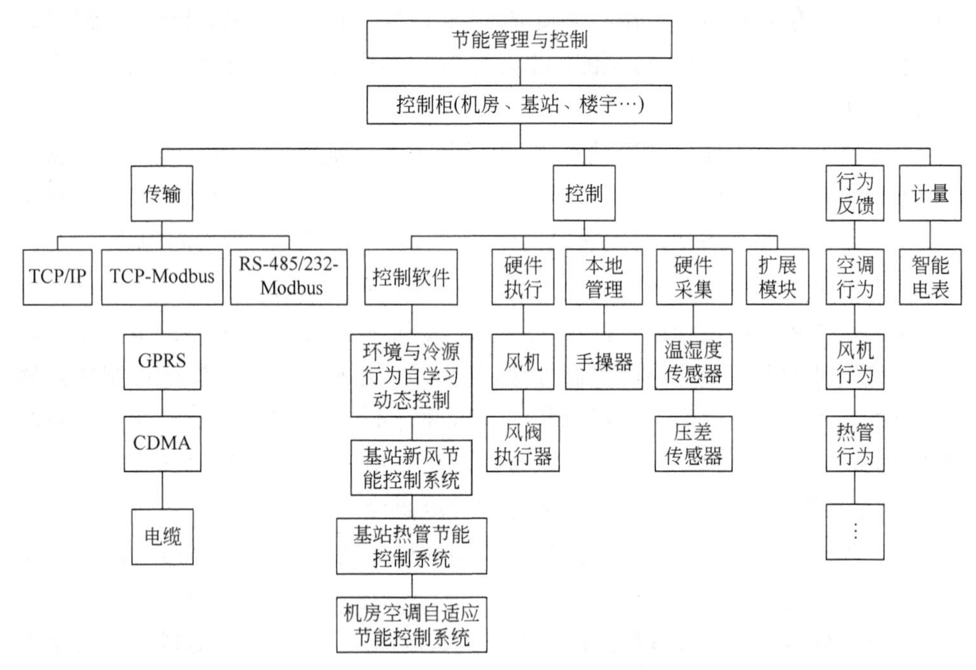


图 4.1 不确定环境下的节能控制系统的功能图

不确定环境下的节能控制系统由传输、控制、行为反馈和计量四个模块组成，融合了管理科学与信息技术。传输系统负责数据的传输；控制系统负责计算机软硬件及外围设备的控制；行为反馈系统负责空调设备的反馈信息的管理；计量系统负责采集机房、基站、楼宇等设施中的智能电表的耗电量数据，以及系统当前室内温度、当前室外温度、风量、风速等数据，存储在数据库中。

构建的管理信息系统具有四层结构，即传感器等技术设备层、无线传感网络层、管理服务层、应用层。

传感器等技术设备层为信息系统的技术基础，包括硬件、软件、网络、数据管理和分析工具，涉及传感器技术及应用、物联网。

基于 ZigBee 协议的无线传感网络(wireless sensor network,WSN),由部署在特定监测区域内的大量、微型、廉价的传感器节点组成,协作地感知、采集和处理网络覆盖区域中感知对象的信息。无线传感网络层实现了一个简单的环境监测程序,用于监测环境的温湿度,即由终端设备定时地收集温湿度等环境监测数据,通过 ZigBee 协议网络,将监测数据汇集到协调器进行信息处理。

管理服务层包括数据挖掘方法和商务智能技术。

应用层的不确定环境下节能系统的控制程序为数据挖掘应用和温度控制模型及应用。

系统涉及的主要技术有以下几方面。

单片机技术:以 51 系列单片机为基础,待测参数采样、控制算法等均由单片机完成,采用集中式控制。这样可以进行全局控制,结构简单,价格低廉;但系统可靠性差,自动化控制程度低[70]。

现场总线技术:设计开放式分散多点通信的现场检测网络,底层设备之间可实现双向通信,是国内外应用最多的温室监测形式。

控制计算技术:由用户在主控制界面中手动设置参数,或者事先根据专家数据库的参数进行设定。由各个对应的传感器采集当前环境数据,经过处理后传给计算机。经过信息系统的计算,生成控制信号,通过无线网络传给各个控制节点,由这些控制节点处理单元解码、分析,得出变频器控制信号。这样变频器通过改变各个泵机、风扇或电磁阀工作强度,进行调整。

在实际运行过程中,当待控制对象的结构和参数不能用精确的数学模型来描述、控制理论技术难以采用,以及系统控制器的结构和参数必须依靠经验和现场调试来确定时,可采用 PID(proportion intergration differentiation)等控制技术[71]。

节能管理信息系统结构分硬件结构与软件结构。

### 4.1.1　节能系统的硬件系统

节能系统的硬件设计方面,采用计算机远程监控技术,构建一种基于 ZigBee 技术无线传感器网络技术的智能控制系统。为了达到减少成本的目的,根据基站环境变化缓慢、数据采集精度要求不高等特点,利用无线传感器网络技术实现信息的实时采集,利用 ZigBee 技术实现组网和数据通信。通过基站监控系统的软件系统,将传感器网络中的协调器、路由器、终端设备以及智能基站中的外围电气设备连接起来,完成信息采集。由路由节点根据目标地址实现最优路径的选择,将信息发送到 PC 虚拟控制终端,并参照不确定环境下自适应温度控制的参数计算并确定控制命令,发送到对应的基站对外围电气设备进行控制,从而最终实现基站内的温度自动控制。

不确定环境下(模糊、随机、模糊随机、随机模糊等)的新风/空调系统的节能控制装置,由电源单元、数据采集单元、中央控制器、数据显示处理器、通信模块及上位计算机组成,配备数据库服务器、Web应用服务器和一定数量的微机。以TCP/IP协议互连成局域网,每台机器可连接到Internet上。数据库服务器安装Windows 2000 Server操作系统和SQL 2000 Server数据库。Web应用服务器安装Windows 2000 Server操作系统和IIS等服务组件。微机上安装Visual Studio.NET等必要的开发工具。系统分为多个功能模块,结合了内网与外网的连接,以保障基站能耗管理的数据采集、传输、分析与控制。

节能控制装置的硬件结构如图4.2所示。

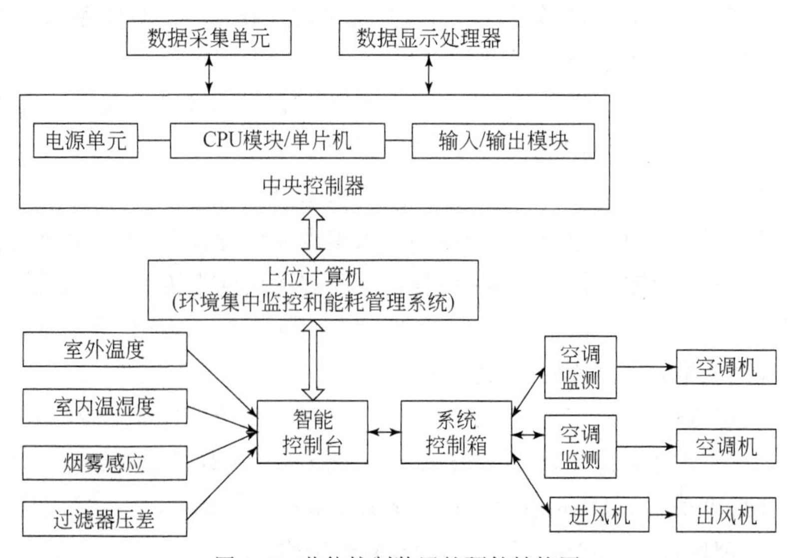


图4.2　节能控制装置的硬件结构图

(1)数据采集单元硬件采集系统由室内外温湿度传感器、压差传感器等组成。将室内外温度传感器及相关设备需要检测项目的传感器分别安装在新风/空调系统等耗电设备被监测目标所在的工作现场。传感器与将传感器采集的标准信号转化为数字信号进行运算处理的中央控制器相连接。

(2)中央控制器由CPU模块或单片机及其辅助模块组成,不确定环境下的控制程序嵌入中央控制器中;控制系统控制硬件采集系统通过温湿度传感器采集室内温度、室外温度等信息。通过压差传感器采集压差等信息。中央控制器对采集的数据进行处理,输入模块将采集跟踪的模拟信号转变为数字信号后,实时传送给CPU模块或单片机,中央控制器运用不确定环境下的控制程序进行不确定(如模糊)处理,通过不确定(如模糊)推理得出最佳温度控制方案,经输出处理后,控制系统运行的相应设备,使整个系统运行在节能优化工况下。辅助模块包括电源模块、输入模块以及输出模块,辅助模块通过连接电缆与CPU模块或单片机连接。

(3)数据显示处理器由触摸屏或嵌入式一体化工控机、存储设备、通信接口和打印机组成,触摸屏或嵌入式一体化工控机通过通信接口与中央控制器相连,存储设备为硬盘,打印机通过打印机电缆与触摸屏或嵌入式一体化工控机的USB接口连接。数据显示处理器可根据用户的要求进行操作控制,并对实时接收的数据进行分析处理,形成报表和图形的显示、存储记录,根据用户的指令可将报表送打印终端设备进行打印。

(4)上位计算机通过通信模块与实现远程监控、能耗统计分析及数据备份的中央控制器连接。上位计算机与数据显示处理器可实现两地控制并互为备用,可实现各部分的能耗统计分析及数据的长期备份。

基站/机房节能智能空调系统其设备主体部分还包括通风执行系统,它能够根据通信基站、机房室内外的环境条件温差引入室外清洁的冷空气对通信基站、机房内进行自然降温,同时排出基站、机房内的热空气,从而达到在常年大多数条件下替代空调制冷的效果,避免了空调长时间的运行所造成的电能浪费,能够有效降低通信机房空调的运行时间,达到降低通信机房电能消耗的目的。

### 4.1.2　节能系统的软件系统

节能系统的软件设计方面,由于空调启停及运行状态直接决定用电量,因此,降低耗电量的关键是确定耗电量的影响因素、新风/空调系统的合理控制规则及控制参数(决策变量)、建立决策控制温度的优化模型、设计混合智能算法,得出模型的最优解以及全局的调整和优化。具体地说,有以下几个关键环节。

(1)进行耗电量的影响因素分析,能够有针对性地确定节能控制装置的控制规则及参数,使得系统能实时跟踪环境、系统参数及设备运行情况做出最优控制。

(2)采用现代不确定控制技术,综合环境、系统参数及设备静、动态参数进行分析处理,根据长期实践的经验、专业的节能技术知识以及人的思维过程,建立控制温度决策模型。

(3)在大量样本基础上,得出最优控制策略。

(4)设计新风/空调系统温度控制的降耗方法。空调器通过温度传感器感受室内温度变化来控制压缩机的启动和停止来实现对温度的控制,因此,空调用电量与温度变化有一定关系,与空调系统的控制温度的设置也有一定关系。对通信基站节能降耗实施系统优化,从智能关断技术、智能温度控制等方面着手,设计新风/空调系统温度控制的降耗方法，以期在智能自动控制系统的合理调度下取得最佳节能降耗效果。

耗电量的主要影响因素有室内温度、室外温度、风机状态、空调状态。在以上硬件基础上设计开发不确定环境下的控制程序，能够进行系统的启动、数据采集、数据分析、控制运行的相应设备(风机/空调)等。节能系统的数据采集、分析与处理如图 4.3 所示。

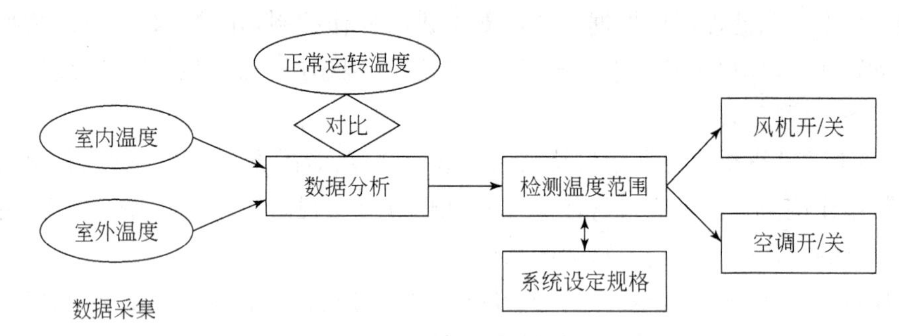


图 4.3　节能系统的数据采集、分析与处理

根据不确定环境下节能控制决策方法形成的不确定环境下的节能综合管理与控制系统嵌入在数据分析模块中。节能综合管理与控制系统图如图 4.4 所示。与不确定环境下节能控制相关的模块如图 4.5 所示。

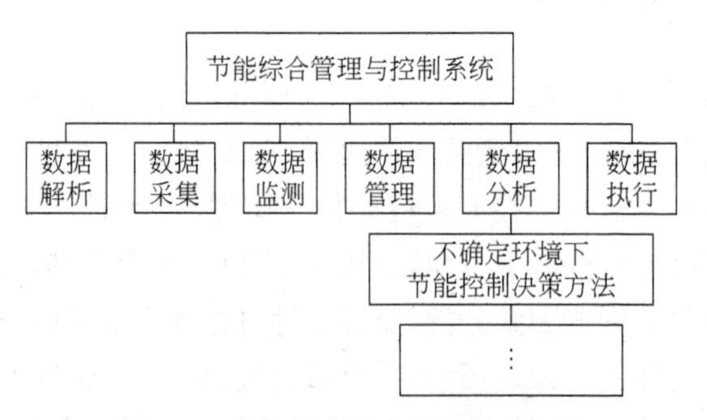


图 4.4　节能综合管理与控制系统图

节能综合管理与控制系统能够有效根据室内外温度、设备状态、工作模式，来联动智能通风机组和空调设备，决策节能系统设定的各种切换温度，自动调节基站温度保证机器正常运行，同时能够自动捕捉基站内温度变化情况让风机或者空调在保证机器正常运转的情况下以运行-停止-运行模式运转。最大程度挖掘节能潜力，同时尽量延长设备寿命。

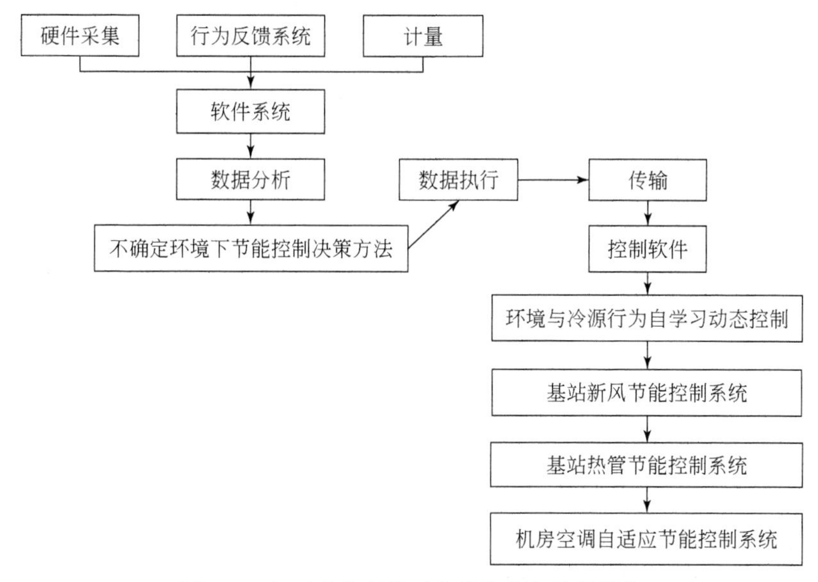


图 4.5　与不确定环境下节能控制相关的模块

系统从数据处理系统获取计算得出的最优控制温度值，然后根据此数据控制系统运行的相应设备，对空调、进出风设备等进行控制，以实现系统节能。决策控制流程图如图 4.6 所示。

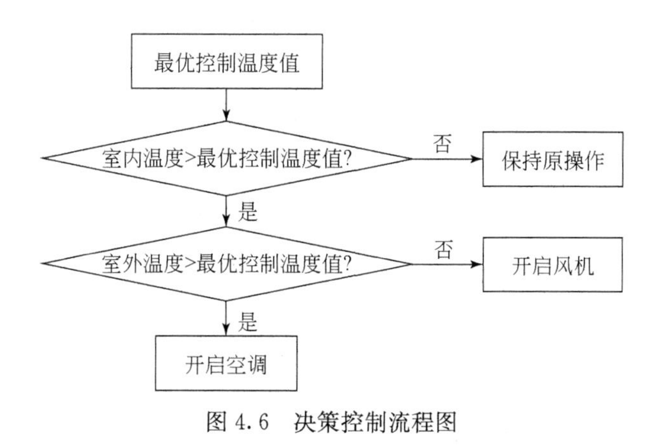


图 4.6　决策控制流程图

## 4.2　耗电量的影响因素分析

在通信基站核心机房增加新风系统，将外部冷、湿空气进行过滤，利用外部冷、湿空气对机房进行制冷。通过减少空调的使用,在保证机房洁净度的前提下,有效利用冷源节能。

不确定环境下节能控制决策的数据来源于行为反馈系统和计量系统。中央控制器从行为反馈系统和计量系统中,通过传感器、智能电表采集系统当前的室外温度、室内温度和用电量等数据并保存,从而积累大量历史数据,这些历史数据包括读取时间、室外温度、室内温度、风机低速启停切换温度、风机高低速切换温度、空调与新风模式切换温度、室内控制温度上限、室内控制温度下限、室外温度检测的时间频率、升/降挡延时时间及时间点电表读数等。在节能管理与控制系统中,这些变量以及用电量都被精确度量并精确记录。

针对历史数据进行用电量的影响因素分析。使用统计分析软件和数据挖掘工具,得到用电量与各因素(相关变量)的关系表达式。用电量与各因素的关系表达式作为决策模型的目标函数。根据数据挖掘的结果和工作经验还可以设置新风/空调系统的控制规则。

数据分析主要采用 Excel 回归技术,利用回归分析方法研究变量之间的依赖关系。变量之间的关系一般有两类,一类是变量之间的关系完全确定的函数关系,这种关系一个变量能够被一个或若干个其他变量按某一规律唯一确定;另一类是变量之间具有非确定的依赖关系的相关关系,即变量之间既存在密切的数量关系,又不能由一个或几个变量精确求出另一个变量值,但在大量统计资料的基础上,可以判别这类变量之间的数量变化具有的规律性。

利用回归分析方法研究这类相关关系。相关关系虽不是确定性的,但在大量的观察下,往往呈现出一定的规律性。若将相关关系的两个变量的对应观察值作为直角坐标平面上点的坐标,并把这些点标在平面上,就得出关于点的散点图。从散点图上一般可看出变量关系的统计规律性,得出耗电量、室内温度、室外温度和耗电量的关系。

### 1. 耗电量与控制温度相关

每间隔一定时间,如 20min,自动采集通信基站的原始数据,原始数据包括读取时间、设备编码、室内温度、室外温度、风机状态、空调状态、节能设置、当前控制温度等。这些与通信基站耗电量相关的原始数据必须保存下来。

(1)经筛选,得到要进行数据分析的初始数据。筛选出的初始数据包括读取时间、室内温度、室外温度及电表记录的当前用电量。对筛选出的初始数据进行初步统计。

(2)根据筛选结果,使用回归工具进行数据分析,得出回归分析结果。

(3)经过分析发现,当空调系统设置的控制温度在某个值附近时,所得的耗电量取得最大值。在某些情况下,经统计分析也可以得到耗电量与控制温度的函数关系。研究发现,降低耗电量的关键在于合理地设置空调系统的控制温度。

2. 耗电量与室外温度、室内温度相关

先假定时间点、控制器上的当前温度、拟达到的室内目标温度因素不变的情况下,统计并计算出用电量和当前室外温度、当前室内温度的关系。

(1)筛选出时间一致的室内温度、室外温度和当前用电量。

(2)用统计的方法计算出耗电量,从而计算出每 20min 的耗电量。

(3)采用 Excel 回归技术,对耗电量和室外温度、室内温度的关系进行统计与研究。可以得出耗电量与室外温度、室内温度的函数关系式。

通过设置空调系统合理的控制温度来降低耗电量。与控制温度有关的因素有当前室外温度、当前室内温度、时间点、用电量、控制器上的当前温度、拟达到的室内目标温度等。为降低耗电量,根据随环境变化的室内温度、室外温度、当前空调设定温度、设备发热量、时间点、用电量等因素,实现通信基站的温度控制,从而降低耗电量。

## 4.3　节能控制装置及控制规则

根据回归分析结果,耗电量与控制温度、室内温度、室外温度相关,因此,根据数据挖掘的结果和工作经验设置新风/空调系统的规则。从数据采集模块接收到信息后,中央控制器根据传感器采集的系统当前室内温度、当前室外温度、风量、风速及预先设定的空调控制温度等数据,依据设置的新风/空调系统的规则,进行冷源设备的切换。

### 4.3.1　新风/空调系统的控制规则

由室内温度和室外温度的变化决策冷源设备的切换。

1. 设定新风/空调系统的初始开机条件和关闭模式

监测室外温度,根据室外温度启动和关闭设备。节能控制器控制新风/空调系统的初始开机条件图如图 4.7 所示。

控制器总是从尝试先启动低能耗的冷源设备开始。

(1)当室外温度低于 $a$ 时,关闭所有冷源设备,即空调、风机全关。

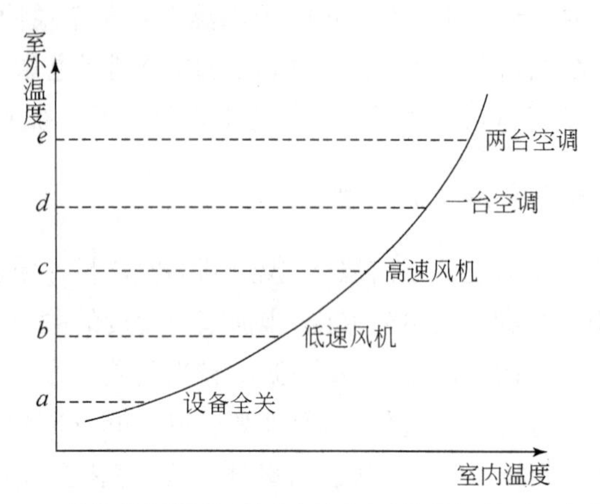


图 4.7　节能控制器控制新风/空调系统的初始开机条件图

(2)当 $a$<室外温度<$b$ 时，开启低速风机，开启风机风阀，空调处于关闭状态。

(3)当 $b$<室外温度<$c$ 时，开启高速风机，开启风机风阀，空调处于关闭状态。

(4)当 $c$<室外温度<$d$ 时，开启一台空调，关闭风机风阀。

(5)当室外温度>$d$ 时，开启两台空调，关闭风机风阀。

关闭节能模式图如图 4.8 所示。

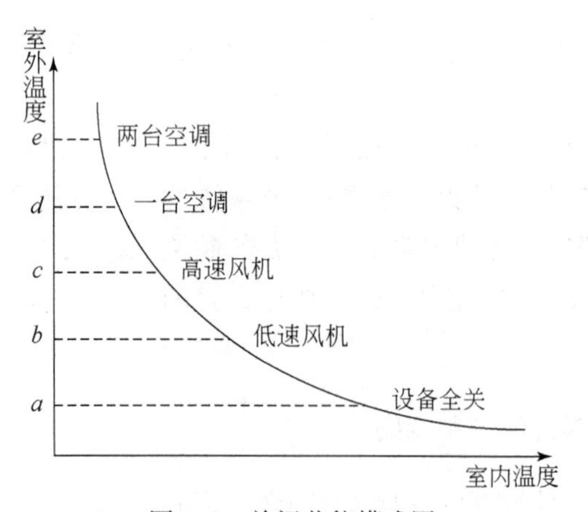


图 4.8　关闭节能模式图

控制器从尝试关闭高能耗的冷源设备开始。

(1)空调切换高速风机：当前一状态为空调状态，室外温度低于风机切换空调温度时，空调切换高速风机，即关闭空调，启动高速风机，打开风机风阀。

(2)高速风机切换低速风机：当上一状态为高速风机状态，室外温度低于高速风机切换低速风机温度时，高速风机切换低速风机，即关闭高速风机，关闭风机风阀,启动低速风机,打开风机风阀。

(3)关闭低速风机:当上一状态为低速风机状态,室外温度低于关闭风机温度时,关闭低速风机,关闭风机风阀。

### 2. 设备开启后根据室内温度变化情况改变新风/空调系统的运行状态

设备开启后,实时监测室内温度的变化,如每3min检测一次室内温度。根据室内温度的变化,改变室内冷源设备的工作状态。将室内温度控制在[室内控制温度上限,室内控制温度下限]范围内。其中,室内控制温度上限=室内温度上限-温度容差,室内控制温度下限=室内温度下限+温度容差。

控制规则具体如下。

(1)根据室内温度上限、室内温度下限、温度容差计算出室内控制温度上下限,即室内控制温度上限=室内温度上限-温度容差,室内控制温度下限=室内温度下限+温度容差。

(2)当室内温度上升超过室内控制温度上限,并超过室内温度检测时间(或称观测时间,状态切换延时,或称室内温度变化升/降挡延时)长度后,冷源设备升挡,升挡顺序依次为:设备全关、开启低速风机、开启高速风机、开启一台空调、开启两台空调。当室内温度下降超过室内控制温度下限,并超过室内温度检测时间(或称观测时间,状态切换延时,或称室内温度变化升/降挡延时)长度后,冷源设备降挡,降挡顺序依次为:从开启两台空调降为开启一台空调、开启高速风机、开启低速风机、全部关闭冷源设备。

以高速风机与一台空调的切换为例,冷源设备状态如图4.9所示。

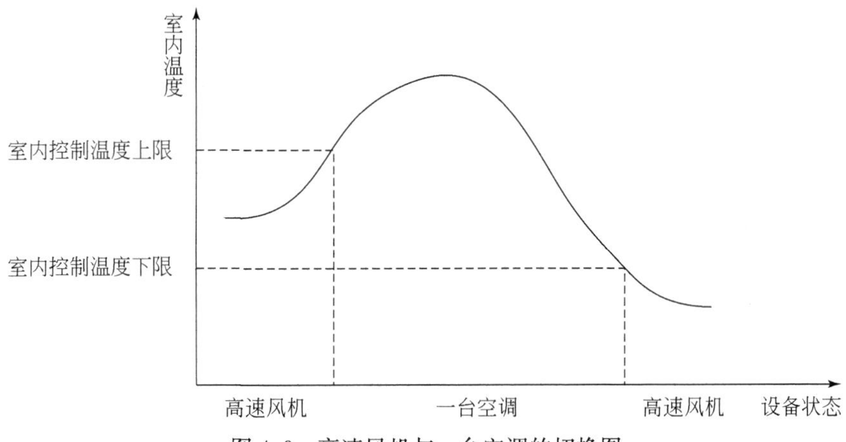


图4.9　高速风机与一台空调的切换图

由图4.9可知,当上一状态为高速风机运行状态、室内温度低于室内控制温度下限时,关闭高速风机、风机风阀,启动低速风机,开启风机风阀。当上一状态为高速风机运行状态、室内温度高于室内控制温度上限时,关闭高速风机、风机风阀,启动一台空调。当上一状态为一台空调运行状态、室内温度低于室内控制温度下限时,关闭一台空调,启动高速风机,开启风机风阀(如果此时室外温度高于风机空调切换温度,关闭空调后,不启动风机、风阀)。当上一状态为一台空调运行状态、室内温度高于室内控制温度上限时,启动第二台空调。

(3)实时监测室内温度,超过室内控制温度上限后,发出高温报警。

3. 设备开启后定时监测室外温度的变化

(1)根据室外温度检测时间监测室外温度的变化。当室外温度下降至空调与新风模式切换温度设定值,且超过升/降挡延时时间值后,冷源设备降挡。

(2)当室外温度上升超过空调与新风模式切换温度设定值,且超过升/降挡延时时间值后,开一台空调。

### 4.3.2 控制逻辑分析

节能需要依据科学的决策。不确定环境下的控制程序的关键是决策安装的节能系统设定的各种切换温度。

室内温度是一个不确定变量。节能实践中,常遇到的情景是:若干个可行性方案制订出来后,分析具体情况,大部分条件是已知的,但还存在一定的不确定因素。节能实践中,需要可理解的规则。决策树可以生成可理解的规则。针对上述问题,利用 SQL Server 数据库来制作相应数据的决策树,并且对决策树的多种情形数据进行分析,从而完善通信基站室内温度的控制方法与控制逻辑。

从采集的数据中,选择读取时间、室内温度、室外温度、风机状态、空调状态、节能状态几个字段。

新建数据库,将所得到的新表格导入,导入数据过程如图4.10所示。

选择导入数据后,弹出导入和导出向导对话框,如图4.11所示。

根据表格信息,利用 SQL Server Business Intelligence Development Studio 和 SQL Server Management Studio 分别制作不同情况的决策树。

根据风机状态,可以得到如图4.12所示的风机状态决策树。

按照空调状态,可以得到如图4.13所示的空调状态决策树。

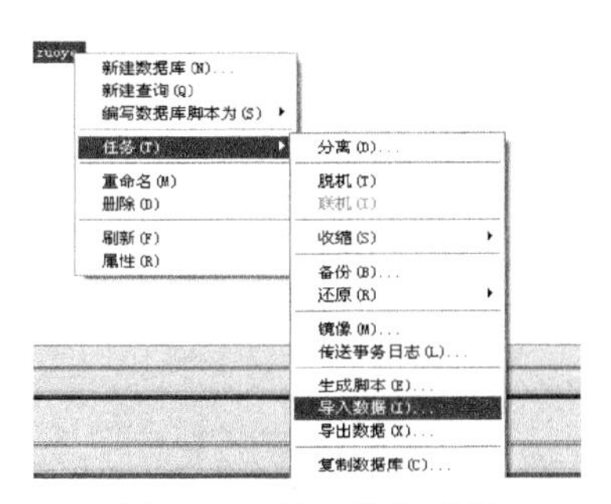


图4.10　导入数据过程

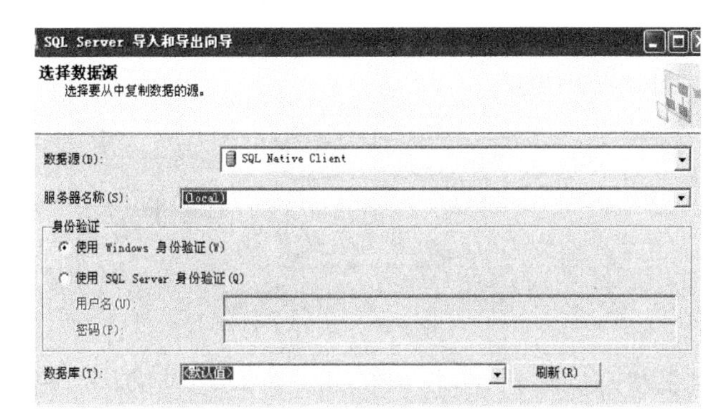


图4.11　SQL Server 导入和导出向导对话框

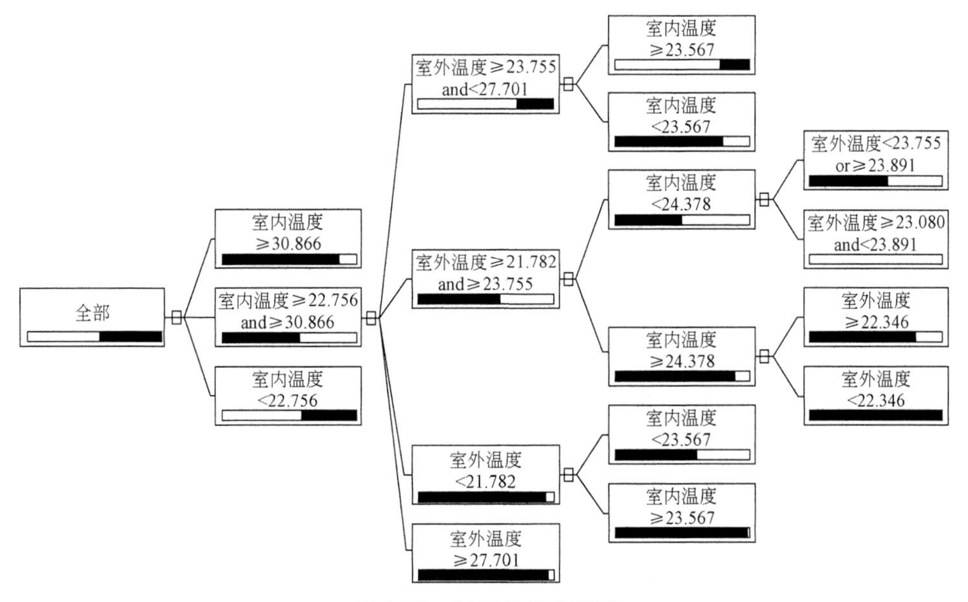


图4.12　风机状态决策树

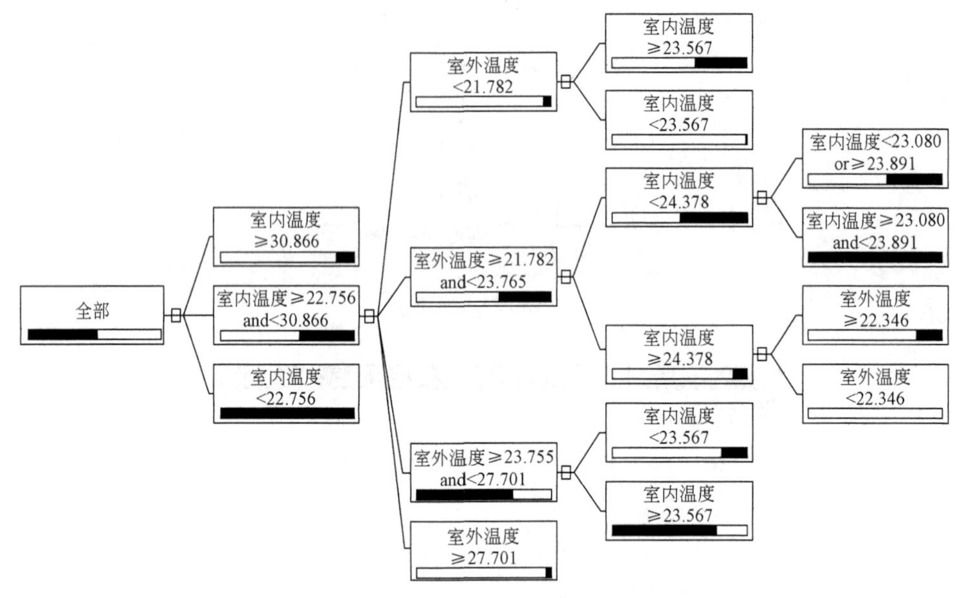


图 4.13 空调状态决策树

可以根据风机状态决策树，分析风机开关方式。风机状态总的开关情况如图 4.14 所示。

| | | |
|---|---|---|
| 关 | 584 | 46.77% |
| 开 | 660 | 52.80% |
| 缺失 | 0 | 0.42% |

室内温度≥30.866

| | | |
|---|---|---|
| 关 | 73 | 86.92% |
| 开 | 10 | 12.45% |
| 缺失 | 0 | 0.63% |

室内温度≥22.756 and<30.866

| | | |
|---|---|---|
| 关 | 511 | 58.29% |
| 开 | 364 | 41.56% |
| 缺失 | 0 | 0.15% |

室内温度<22.756

| | | |
|---|---|---|
| 关 | 0 | 0.28% |
| 开 | 286 | 99.45% |
| 缺失 | 0 | 0.28% |

室外温度≥21.782 and<23.755

| | | |
|---|---|---|
| 关 | 137 | 61.14% |
| 开 | 87 | 38.83% |
| 缺失 | 0 | 0.03% |

室外温度<21.782

| | | |
|---|---|---|
| 关 | 205 | 93.81% |
| 开 | 13 | 6.06% |
| 缺失 | 0 | 0.12% |

室内温度<23.567

| | | |
|---|---|---|
| 关 | 14 | 60.82% |
| 开 | 9 | 39.12% |
| 缺失 | 0 | 0.06% |

室内温度<24.378

| | | |
|---|---|---|
| 关 | 81 | 50.31% |
| 开 | 80 | 49.69% |
| 缺失 | 0 | 0.00% |

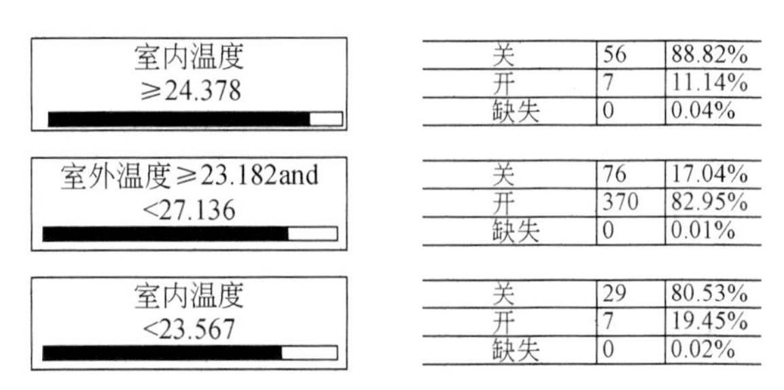


图 4.14　风机状态总的开关情况

根据空调决策树，分析节能情况。空调状态总体开关情况如图 4.15 所示。

| 状态 | 数量 | 百分比 |
|---|---|---|
| 关 | 660 | 52.80% |
| 开 | 584 | 46.77% |
| 缺失 | 0 | 0.42% |

| 节点 | 状态 | 数量 | 百分比 |
|---|---|---|---|
| 室内温度≥30.866 | 关 | 10 | 12.45% |
| | 开 | 73 | 86.92% |
| | 缺失 | 0 | 0.63% |
| 室内温度≥22.756 and<30.866 | 关 | 364 | 41.56% |
| | 开 | 511 | 58.29% |
| | 缺失 | 0 | 0.15% |
| 室外温度≥21.782and<23.755 | 关 | 87 | 38.83% |
| | 开 | 137 | 61.14% |
| | 缺失 | 0 | 0.03% |
| 室外温度≥23.755 and<27.701 | 关 | 261 | 71.86% |
| | 开 | 102 | 28.10% |
| | 缺失 | 0 | 0.04% |
| 室内温度<23.567 | 关 | 9 | 39.12% |
| | 开 | 14 | 60.82% |
| | 缺失 | 0 | 0.06% |
| 室内温度<24.378 | 关 | 80 | 49.69% |
| | 开 | 81 | 50.31% |
| | 缺失 | 0 | 0.00% |
| 室内温度≥24.378 | 关 | 7 | 11.14% |
| | 开 | 56 | 88.82% |
| | 缺失 | 0 | 0.04% |
| 室内温度<23.567 | 关 | 7 | 19.45% |
| | 开 | 29 | 80.53% |
| | 缺失 | 0 | 0.02% |

图 4.15　空调状态总体开关情况

每个方案的执行都可能出现几种结果，各种结果的出现有一定的概率，决策存在一定的胜算，也存在一定的风险。这时，决策的标准只能是期望值，即各种状态下的加权平均值。

根据分析结果，调整并不断优化决策冷源设备切换的室内温度阈值和室外温度阈值。

## 4.4　节能控制过程

根据节能管理信息系统的结构、节能控制装置及控制规则，可以制定相应的节能实施步骤，开发不确定环境下的控制程序，节能控制过程如下。

(1)根据实际项目的具体情况，进行数据采集、耗电量的影响因素分析。

(2)建立决策冷源设备行为的优化模型。模型的决策目标是最小化用电量，约束条件是满足室内控制温度条件，决策变量为冷源设备的行为。

(3)设计混合智能算法，得出模型的最优解。经输出处理后，控制系统运行的相应设备，使整个系统运行在节能优化工况下。

(4)进行不确定化处理、从过程控制全局考虑优化模型系数、调整节能系统的不确定(如模糊)控制规则中的相关参数。

新风/空调系统控制节能装置的节能控制过程如图 4.16 所示。

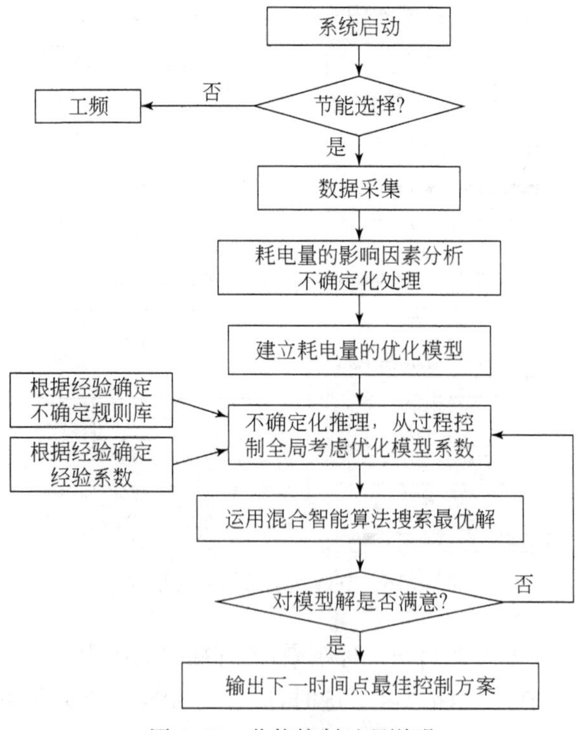


图 4.16　节能控制过程说明

### 4.4.1　不确定化处理及输入量确定

不确定环境下的控制程序的关键是决策安装的节能系统设定的各种切换温度。

中央控制器根据传感器采集的系统当前室内温度、当前室外温度、风量、风速及预先设定的空调控制温度等数据，结合历史数据，分析判断不确定变量的特性。该模块从数据采集模块接收到信息后，进行不确定变量的特性分析及不确定化处理，对随机变量，分别分析拟合其概率分布曲线，确定概率分布参数，求出控制量。对模糊变量，确定偏差和偏差变化率的模糊语言值及相应的隶属度函数，对随机变量确定服从的概率分布。对不确定变量进行清晰化处理，确定输入量。

热环境的室内温度是一个不确定变量。由于影响因素的不稳定性，采用模糊随机决策模型及预测控制技术是必要的。可结合历史数据，分析判断室内温度不确定变量的特性。对随机变量，分别分析拟合其概率分布曲线，确定概率分布参数，从而确定服从的概率分布，以利于决策下一步的室外温度检测时间、室内温度检测时间和降挡延时时间，以及低速风机启停切换温度、高低速风机切换温度、空调与新风模式切换温度、空调台数切换温度等控制量。对模糊变量，确定偏差和偏差变化率的模糊语言值及相应的隶属度函数，对不确定变量进行清晰化处理。根据实际情况可调整下一步的室外温度检测时间、室内温度检测时间和降挡延时时间，以及低速风机启停切换温度、高低速风机切换温度、空调与新风模式切换温度、空调台数切换温度等值。

### 4.4.2　建立耗电量的优化模型

1. 得出用电量与各因素的关系表达式

针对历史数据，使用统计分析软件 SAS 和 SQL Server 中的数据挖掘工具 Business Intelligence Development Studio，得到影响用电量的主要因素，如图 4.17 所示。由图可知，与用电量有关的因素为随环境变化的室外温度、室内温度、室内控制温度上限、室内控制温度下限、各种冷源设备的切换温度及各种冷源设备的运行时间等。

使用统计分析软件 SAS 和 SQL Server 中的数据挖掘工具 Business Intelligence Development Studio，得到用电量与这些各因素（相关变量）的关系表达式。

(1)固定室外温度检测时间、室内温度检测时间和降挡延时时间分别为

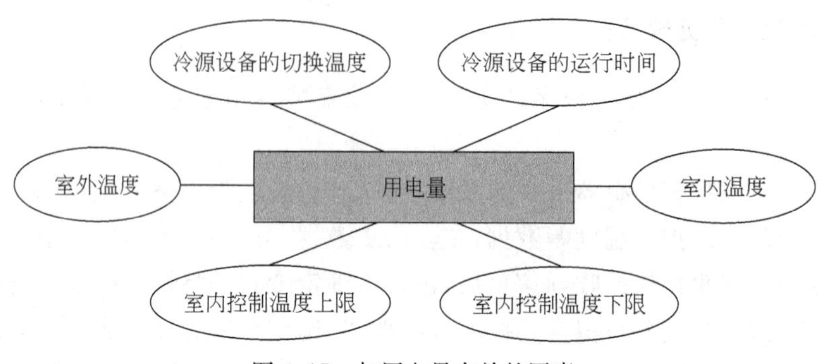


图 4.17　与用电量有关的因素

30min、3min、室外 1h 室内 3min，并且低速风机启停切换温度、高低速风机切换温度、空调与新风模式切换温度、空调台数切换温度分别为 15℃、20℃、26℃、30℃时，进行实验，采集数据，分析用电量与室内温度、室外温度的关系。

用电量与各因素的关系表达式为

$$\begin{aligned}\text{单位时间用电量} &= f(\text{室内温度},\text{室外温度},\text{室内控制温度阈值}) \\ &= a_0 + a_1(\text{室外温度}+b_1) + a_2(\text{室内温度}+b_2) \\ &\quad + c_i(\text{温度阈值}+d_i)\end{aligned}$$

因此，得出用电量与各因素的关系表达式后，进行灵敏度分析，可调整冷源设备行为阈值。

假设只有空调，则对空调的控制逻辑为

$$\text{冷源设备行为}=\begin{cases}\text{开机}, & \text{室内温度} > \max_{\text{室内温度}}, \quad \max_{\text{室内温度}}\text{为当前室内最高温度} \\ \text{关机}, & \min_{\text{室内温度}} < \text{室内温度} < \max_{\text{室内温度}}, \quad \min_{\text{室内温度}}\text{为当前室内最低温度} \\ \text{开机}, & \text{室内温度} < \min_{\text{室内温度}}, \quad \min_{\text{室内温度}}\text{为当前室内最低温度}\end{cases}$$

显然，$\max_{\text{室内温度}}$ 越高，$\min_{\text{室内温度}}$ 越低，空调运行时间越短，则越省电。基站室内温度要求保持在 16～28℃（或者说基站内理想温度，或者说室内控制温度上限为 28℃，室内控制温度下限为 16℃），本数值算例中，$\max_{\text{室内温度}}$ 为 28℃。$\min_{\text{室内温度}}$ 为 $-\infty$。

因此，用电量与各因素的关系表达式简化为

$$\begin{aligned}\text{单位时间用电量} &= f(\text{室内温度},\text{室外温度}) \\ &= a_0 + a_1(\text{室外温度}+b_1) + a_2(\text{室内温度}+b_2)\end{aligned}$$

(2)固定室外温度检测时间、室内温度检测时间和降挡延时时间分别为 30min、3min、室外 1h 室内 3min 时，变化低速风机启停切换温度、高低速风机切换温度、空调与新风模式切换温度、空调台数切换温度中的某项值，如将空调与新风模式切换温度由26℃改变为27℃、28℃、25℃、24℃时，得到用电量与这些变量的表达式。

(3)固定各种切换温度，变化室外温度检测时间、室内温度检测时间和降挡延时时间，得到用电量与室外温度检测时间、室内温度检测时间和降挡延时时间的关系。

不确定环境下的节能控制方法的关键技术是确定与用电量相关的因素，以节能和提高能效管理水平为目标，进行模型有关变量的预测和辨识，得出用电量与各因素的关系表达式，作为决策模型的目标函数。

### 2. 建立决策冷源设备行为的优化模型

建立不确定决策模型。模型的决策变量为下一时间点的控制温度，或冷源设备的运行时间等。决策目标是最小化耗电量。得出模型解后，通过不确定环境下节能控制决策系统输出最佳节电状态时的冷源设备的行为。目的是最大程度挖掘节能潜力，同时尽量延长设备寿命。

决策目标是最小化耗电量：

$$\min f$$

模型的决策变量为决策节能系统设备的设定阈值，即控制温度阈值[$i$]，$i=1,2,\cdots,n$，或冷源设备运行时间等。

约束为

室外温度下限≤室外温度≤室外温度上限

室内温度下限≤室内温度≤室内温度上限

控制温度阈值1下限≤控制温度阈值1≤控制温度阈值1上限

控制温度阈值2下限≤控制温度阈值2≤控制温度阈值2上限

⋮

控制温度阈值$n$下限≤控制温度阈值$n$≤控制温度阈值$n$上限

⋮

例如，假设算例中，一段时间内(如每半小时)的总用电量为$z$，空调控制温度为$x$，室外温度为$a$，室外温度下限为$a_1$，室外温度上限为$a_2$，室内温度为$b$，室内温度下限为$b_1$，室内温度上限为$b_2$，则

$$z=f(x)$$

决策：一段时间内(如每半小时)空调的控制温度设置为多少，既能使基站室内达到要求温度，又使得总用电量最低？针对某基站，采用实验的方法，确定阈值。

线性规划的数学模型为

$$\min z = f(x)$$

约束条件为

$$a_1 < a < a_2$$
$$b_1 < b < b_2$$
$$\vdots$$

又如，假设本算例中，有一台空调和一台风机。空调每开 1min，用电量 $c_1$ 为 0.93（单位：kW·h）；高速风机每开 1min，用电量 $c_2$ 为 0.31，显然 $c_1 > c_2$。设空调每分钟用电量为 $x_1$，高速风机每分钟用电量为 $x_2$，设一段时间内（如每半小时）的总用电量为 $z$，则

$$z = c_1x_1 + c_2x_2 + \delta$$

决策：一段时间内（如每半小时）空调、高速风机分别运行多长时间，既能使基站室内达到要求温度，又使得总用电量最低？针对某基站，采用实验的方法，确定阈值。

线性规划的数学模型为

$$\min z = c_1x_1 + c_2x_2 + \delta$$

约束条件为

$x_1 + x_2 \leqslant 30$（时间长度为 30min）

$3 \leqslant x_1 \leqslant 5$（若开空调，空调最少运行 3min，最多运行 5min）

$5 \leqslant x_2 \leqslant 20$（若开风机，风机最少运行 5min，最多运行 20min）

$$\vdots$$

### 4.4.3 运用混合智能算法搜索最优解

设计混合智能算法，运用混合智能算法得出模型的最优解。

由不确定决策得出最优的节能控制参数，进而得出在何种室内外温差下，冷源设备的行为如何（空调开或者新风开或者热管开）的决策。经输出处理后，控制系统运行相应的设备。在优化用电量方面，可以使用经典最优化算法，如遗传算法与神经网络，目前较先进的智能算法有粒子群算法、免疫克隆算法、量子进化算法、文化算法等。运用混合智能算法搜索最优解，由不确定决策得出最优的节能控制参数（即各种切换温度）。控制模块的冷源设备行为控制如图 4.18 所示。

### 4.4.4 模型的修正

运用不确定推理，调整模型及系数。初始阈值是凭经验设定的，并且初始模型

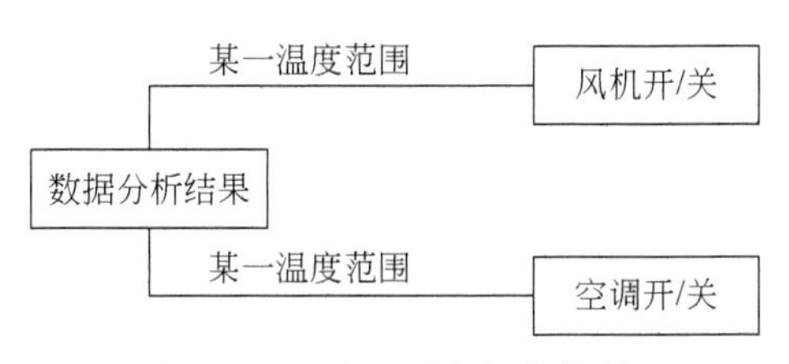


图 4.18　冷源设备行为控制

是由最初的历史数据得到的，现实世界是一个不确定的世界，因此需要定期(如 3 个月 1 次)对模型进行修正。用电量与众多因素相关，如室外温度、室内温度等，任何一个参数的变化都应该体现在节能量基准计算中。因此，按照各个因素的重要程度，分别进行基准公式修正，是本方法的重要原则之一。根据长期实践的操作经验及技巧、专业的节能技术知识及人的思维过程来建立不确定控制规则表，并求出具体模型及系数。当历史数据积累到一定程度(3 年以上)时，各通信基站模型的系数趋于稳定，模型各变量由初始的不确定值变为确定值。因此，需要在使用中不断进行全局的调整和优化，得到节能策略。

实践中采用理论分析与实验相结合的方法。模拟验证后，采用 C＋＋实现优化模型。

经实验改造后的能耗包括原有立式空调能耗、新加的新风机组风机能耗以及不可预测的其他能耗。改造后的基站全年总电耗为 15803.6kW·h，比改造前的总电耗少了 37%，如表 4.1 所示。

**表 4.1　改造后基站全年新风/空调耗电量统计**

| 耗电类型 | 立式空调 | 新风机组 |
|---|---|---|
| 全年分项耗电量/(kW·h) | 2978 | 1126 |
| 全年总耗电量/(kW·h) | 4104 | |

在某基地的新风/空调系统的应用经国际节电率检测方法检测达到 30%，因此采用此不确定性节能控制装置及不确定控制方法，节电效果明显，对用户受益较大，应推广应用。

# 第5章　通信基站空调系统的热环境

我国现有移动通信基站数量为600余万，随着第四代移动通信网的启动，国内还将建设数以万计的4G基站。基站机房内有大量交换设备和传输核心设备，电信设备需要常年平稳运行，核心通信机房内一般通信设备密集，总体发热量高，空调系统必须在任何季节都进行散热。不论冬夏，核心机房的空调都要处于长期制冷状态，以便散发通信设备运行所产生的热量。另外，还有一类工艺机房，即电信工艺设备用房的设备对运行环境有相对严格的要求，例如，房间内温湿度必须持续稳定、波动范围小；工艺设备散热量很大且散热集中，通常，房间在冬季也要求供冷。这些基站有大量的空调系统，在无人控制环境中，空调系统一年四季被设置为相同的控制温度。

我国气候类型多种多样。有的地区冬夏气温变化相当大，而有的地区一年四季气温变化很小；即使在同一季节，各地气温也多种多样。目前对于无人控制环境中的基站空调系统，不能有针对性地采取节能措施，大量、长时间使用空调，而空调的运行参数又不能实现随环境温度变化自动调整，这种情况会导致耗电量居高不下。

为了有效而经济地控制空调系统，在基站环境满足安全性和经济性要求的情况下，有效控制空调的使用，降低空调耗电量，需要对基站气候环境进行评价，从中找出合理的空调控制策略，降低耗电量。2005年，欧晓英等通过对热舒适的6个主要影响因素中的4个与环境有关的因素进行分析，运用模糊综合评价法对矿井热环境进行了评价[72]。

本章主要针对通信机房的环境要求，提出通信基站热环境影响因素，并运用模糊综合评价法对通信基站热环境进行评价，设计热环境评价系统软件，从而为在不确定环境温度条件下和现有技术的局限性情况下，提供空调系统节能控制装置的温度控制方法[73]。

## 5.1　通信基站热环境影响因素

根据《通信中心机房环境条件要求》（YD/T 1821—2008）的规定，通信机房内的温度划分为三类。一类通信机房（内置国际网设备、省网网络设备等）温度应保持在10～25℃，湿度应保持在40%～70%；二类通信机房（内置服务与重要客户的交换设备、传输设备与数据通信设备等）温度应保持在10～28℃，湿度应保持在20%～80%；三类通信机房指的是市话端局通信机房、城域网汇聚层数据机房及所属动力机房、普通基站、边际网基站和网优基站等，温度应保持在10～30℃，湿度应保持在20%～85%。核心通信设备对环境要求严格。对于温湿度要求比较严格的机房（如一类通信机房），一般应配置专用空调器，并具备制冷、滤尘、加湿、除湿、温湿度自动控制功能和低湿告警功能。为了达到环境要求，机房一般采取全封闭方式，因此电信设备运行所产生的热量也就只能通过机房的散热系统（即机房空调系统）才能散发。

通信基站室内热环境是指室内的气候环境和包围室内空间的周围物体的表面温度。室内热环境因素主要有空气温度、空气湿度、空气流速和辐射温度。这些环境因素不是完全独立的变量，而是相互作用，密不可分的。特别是空调房间，由于空调系统具有非线性的特点，因此对室内环境的建模是相当复杂和困难的。本章综合已有文献对热环境影响因素分析的研究，提出了通信基站室内热环境的4个主要影响因素：空气温度、空气流速、空气湿度及环境平均辐射温度。

1. 空气温度

空气温度是影响室内适宜度的主要因素，它直接影响机器设备通过对流及辐射的热交换。在水蒸气分压力不变的情况下，空气温度升高，机器设备温度升高，空气温度下降，则机器设备温度降低。

2. 空气流速

空气流速对机器设备温度适宜度主要有两个方面的影响。一方面，空气流速决定着机器设备的对流散热量；另一方面，它还影响着空气的蒸发力，从而影响机器设备散热。当空气温度低于机器设备温度时，流速增加，产生散热效果。当空气温度高于机器设备温度时，流速同样增加，造成较高的对流换热，加热机器设备。

3. 空气湿度

空气湿度对机器设备的作用与空气温度有关。

4. 环境平均辐射温度

环境平均辐射温度主要取决于围护结构的表面温度，它的改变，主要对机器设备辐射热造成影响。一般情况下，机器设备辐射散热量占总散热量的42%～

44%。当环境平均辐射温度提高后,机器设备辐射散热量下降。

## 5.2 热环境评价各因素隶属度函数的建立及其权重的确定

### 5.2.1 各因素隶属度函数

统计资料表明,在大量机器设备热适宜实验的基础上,通过模糊统计的方法来确定各因素与热环境各级别间的隶属度函数是比较符合实际的。本书将热环境划分为5个等级:热、偏热、适合、偏冷和冷。实践表明,适合的温度为10～35℃,工作面温度过高或过低都会对机器设备产生危害。根据空气温度相对于适宜级别的隶属度函数曲线图,选用中间型正态分布。根据回归理论,可得空气温度相对机器适宜级别的隶属度函数为

$$\mu(t)=\begin{cases}1-e^{-0.682(t-9)^2}, & 9\leqslant t<11\\ 1, & 11\leqslant t<26\\ e^{-0.840(t-26)^2}, & 26\leqslant t<35\end{cases}$$

温度的其他环境等级的隶属度函数同样是采用对实验数据进行模糊统计的方法来确定的。同理,可以确定空气流速、空气湿度和环境平均辐射温度的隶属度函数。将所要评价的通信基站的空气温度、空气流速、空气湿度和环境平均辐射温度的实测值代入隶属度函数,即可得出各因素不同热适宜级别的隶属度。

### 5.2.2 热环境评价指标权重

面对这类复杂的决策问题,本章先建立热环境评价指标层次分析模型,然后构造判断矩阵,计算权重,检验一致性。权系数的确定直接影响到评价结果的准确性,本章采用层次分析法来确定各指标的权重分配问题[74]。

1. 建立热环境评价指标层次分析模型

对问题所涉及的因素进行分类,然后构造一个各因素之间相互联结的层次结构模型,热环境评价层次结构如图5.1所示。目标层为热环境评价。准则层因素为空气温度 $a_1$、空气流速 $a_2$、空气湿度 $a_3$ 和环境平均辐射温度 $a_4$。措施层为针对基站室内冷的措施、偏冷的措施、保持现状适宜的措施、偏热的措施和热的措施。

由图5.1可知,基站室内的温度状态是由空气温度 $a_1$、空气流速 $a_2$、空气湿度 $a_3$ 和环境平均辐射温度 $a_4$ 四个因素综合决定的。

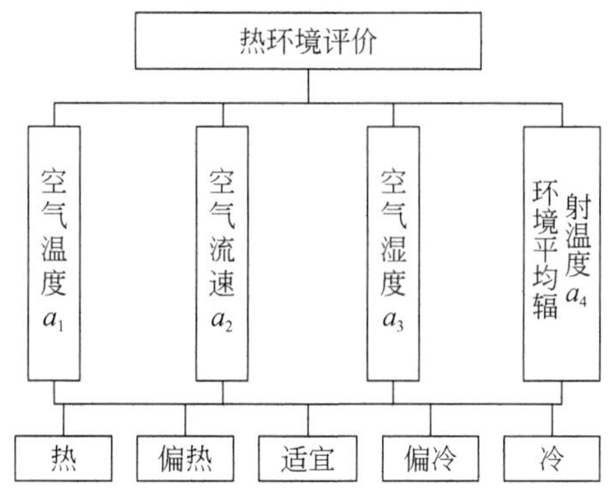

图 5.1 热环境评价层次结构图

2. 构造判断矩阵

根据决策者对 $a_1$、$a_2$、$a_3$ 和 $a_4$ 之间两两相比的关系,主观做出比值的判断(或用 Delphi 法)构造判断矩阵。由判断矩阵(1～9)标度及其内容,得出判断矩阵为

| A | $a_1$ | $a_2$ | $a_3$ | $a_4$ |
|---|---|---|---|---|
| $a_1$ | 1 | 2 | 4 | 7.5 |
| $a_2$ | 0.5 | 1 | 3 | 4.5 |
| $a_3$ | 0.25 | 0.3333 | 1 | 2.5 |
| $a_4$ | 0.1333 | 0.2222 | 0.4 | 1 |

采用 MATLAB 函数,计算最大特征 $\lambda_{max}$,得到如下结果:

$\lambda_1=4.0339$, $\lambda_2=-0.0201$, $\lambda_3=-0.0019+0.3698i$, $\lambda_4=-0.0019-0.3698i$

因此,$\lambda_{max}=4.0339$。

3. 计算权重 $W$

采用最大特征向量法,使用如下公式:

$$AW=\lambda_{max}W$$

即

$$(A-\lambda_{max}I)W=0$$

求方程组的解

$$\begin{vmatrix} 1-\lambda_{max} & 2 & 4 & 7.5 \\ 0.5 & 1-\lambda_{max} & 3 & 4.5 \\ 0.25 & 0.3333 & 1-\lambda_{max} & 2.5 \\ 0.1333 & 0.2222 & 0.4 & 1-\lambda_{max} \end{vmatrix} W=0$$

式中，$W$ 为列向量。解这个线性方程组即可得到权重 $W$ 。

解出的结果为

$$w_1=0.5091,\quad w_2=0.3012,\quad w_3=0.1270,\quad w_4=0.0627$$

4. 一致性检验

进行一致性检验：

$$\mathrm{CI}=\frac{\lambda_{max}-n}{n-1}=\frac{4.0339-4}{4-1}=0.0113$$

查阅随机一致性值[75]可知，判断矩阵的随机一致性 RI=0.89。随机一致性比率 $\mathrm{CR}=\frac{\mathrm{CI}}{\mathrm{RI}}=\frac{0.0113}{0.89}=0.0126$。CR=0.0126<1，所以判断矩阵具有满意的一致性。因此，热环境评价中各因素的权重组成的集合为 {0.5091,0.3012,0.1270,0.0627} 。

## 5.3 通信基站热环境系统设计

本章将机器设备热适宜度这个主观的量刻画为模糊变量，引入模糊数学理论，建立通信基站热环境的模糊综合评判模型，对通信基站环境进行更为科学的预测和评价[76]。

由对热环境的研究可知，组成的热环境因素集为 $A=\{a_1,a_2,a_3,a_4\}$ ，其中，$a_1$ 为空气温度，$a_2$ 为空气流速，$a_3$ 为空气湿度，$a_4$ 为环境平均辐射温度，由此确定了评价因素集。根据因素集 $A$ 将权重集表示为 $W=\{w_1,w_2,w_3,w_4\}$ ，其中，$w_1$ 为空气温度的重要性系数，$w_2$ 为空气流速的重要性系数，$w_3$ 为空气湿度的重要性系数，$w_4$ 为环境平均辐射温度的重要性系数。由前面热环境指标权重的计算，可知各评价因素对热环境影响的程度是不一样的。

1. 确定评价集

评价集是对评判对象可能做出的各种评判结果所组成的集合。对通信基站的热环境评价通常是由工人的热感觉来反映的。假设将评价集设定为

$$V=\{v_1,v_2,v_3,v_4,v_5\}$$

式中，$v_1$ =(冷)；$v_2$ =基本适合(偏冷)；$v_3$ =(适合)；$v_4$ =基本适合(偏热)；$v_5$ =(热)。

2. 温度适宜程度的模糊综合评价

影响通信基站环境热适宜的 4 个因素可以实测出来。根据各因素的实测值和各因素的隶属度函数，可以确定各评价因素的隶属度，此过程即单因素评价。对第 $i$ 个因素评价的结果 $R(u_i)$ 为

$$R(u_i)=\{r_{i1},r_{i2},r_{i3},r_{i4},r_{i5}\}$$

将各单因素模糊评价集的隶属度组成单因素评价矩阵

$$R=\begin{bmatrix} r_{11} & r_{12} & r_{13} & r_{14} & r_{15} \\ r_{21} & r_{22} & r_{23} & r_{24} & r_{25} \\ r_{31} & r_{32} & r_{33} & r_{34} & r_{35} \\ r_{41} & r_{42} & r_{43} & r_{44} & r_{45} \end{bmatrix}$$

式中，$r_{ij}$ 为各因素的实测值代入相应的适宜级别的隶属度函数所得的隶属度。综合考虑影响通信基站环境的因素，所以综合评价集 $E$ 可以由模糊矩阵 $R$ 与权重集 $W$ 相乘得到，即

$$E=WR=[w_1 \quad w_2 \quad w_3 \quad w_4]\begin{bmatrix} r_{11} & r_{12} & r_{13} & r_{14} & r_{15} \\ r_{21} & r_{22} & r_{23} & r_{24} & r_{25} \\ r_{31} & r_{32} & r_{33} & r_{34} & r_{35} \\ r_{41} & r_{42} & r_{43} & r_{44} & r_{45} \end{bmatrix}=[e_1 \quad e_2 \quad e_3 \quad e_4 \quad e_5]$$

式中

$$e_j=\sum_{i=1}^{5} w_i r_{ij}$$

求得模糊综合评判集 $E$ 后，找出该集合中的最大值所对应的评价级别，即该热环境的评判结果。

3. 设计通信基站热环境软件系统

编写计算机程序实现以上各因素的隶属度以及模糊评价结果的计算。编写 LabView 数据采集程序，并设计 SQL Server 数据库，采用 WebAccess 平台，建立和运行交互、高效的数据库管理应用程序，设计变风量空调能源管理系统。系统功能结构采用了结构化的设计方法，系统分 5 个模块：评价指标与数据录入、数据维护、显示分析评价结果、报警和查询，如图 5.2 所示。

经在德州学院校内某基站运行，实际考察评价结果与现场符合。

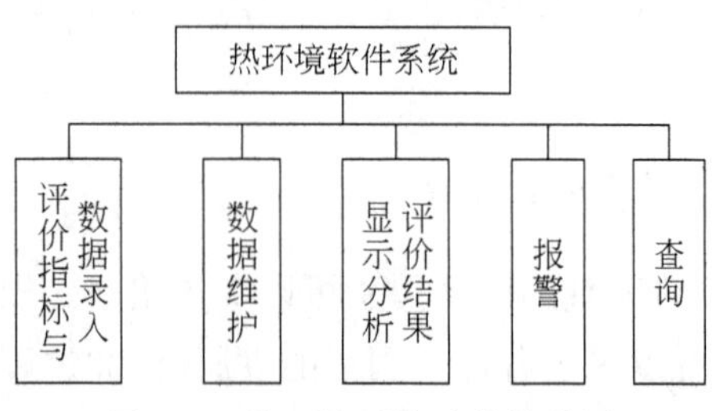


图 5.2　热环境系统功能结构图

模糊控制的突出特点在于，控制系统的设计不要求知道被控对象的精确数学模型，只需要提供环境的经验知识和操作数据，适用于解决常规控制难以解决的非线性的时变系统，目前在温度控制系统中得到了较多的应用。

本章提出通信基站热环境的影响因素，利用模糊统计和典型函数相结合的方法，确定了热环境各因素的隶属度函数和各因素的权重值，选用了适合通信基站热环境评价特点的模糊综合评价法。将通信基站环境划分为 5 个评价等级，根据通信基站环境各影响因素的数值，分别求出各个等级的隶属度，以此来确定通信基站环境的评价等级，从而实现对通信基站热环境的控制，有针对性地指导通信基站空调节能工作。

在没有领域先验知识条件下的不确定决策是一个难题。本章基于不确定环境数据表示、度量以及处理不确定性信息和知识的理论，提出了热环境评价指标及方法，为空调系统不确定环境下温度控制的决策提供依据，解决节能降耗问题。

# 第6章　空调系统的自适应温度控制方法

目前，在无人控制的环境中，基站空调系统运行参数的设置缺乏科学的指导，没有合适的温度控制模型，不能实现环境温度变化时的自动调整，不能有针对性地采取节能措施。

针对通信基站机房的要求以及空调降耗，设计了通信基站机房自适应控制空调系统的节能降耗温度控制过程，提出了空调启动温度的定量决策方法，目的是大幅降低耗电量。本章设计尤其适用于我国南部城市通信机房由于室外温度较高，大量使用空调导致耗电量高的情形。

本章采用计算机远程监控技术，将已建站点用能的全过程作为一个系统加以综合研究，应用通风工程、空气动力学、系统工程等的理论与方法，对通信基站节能降耗实施系统优化，从智能关断技术、智能温度控制等方面着手，设计新风/空调系统温度控制的降耗方法，以期在智能自动控制系统的合理调度下取得最佳的节能降耗效果，同时充分考虑系统维护的简便易行。在使用系统时，通过传感器对温度等指标进行监测，将需要的参数在智能控制主机面板窗口上设置完毕后，就不需要再进行其他操作，控制系统能完全自控整个温控系统的运行，其能在一年四季中根据外界气候情况，自动控制室内温度，使室内在无人值守状态下保持机器适宜的温度[77]。

## 6.1　通信机房的环境要求及温度控制原理

基站通信机房的核心通信设备对环境要求严格。室内温度恒定 23℃（偏差 2℃），湿度 55%（偏差 15%），空气洁净度要求达到 B 级，即直径大于 0.5μm 的粒子浓度不得大于 3500 粒每升空气，直径大于 5μm 的粒子浓度不得大于 30 粒每升空气。为了达到环境要求，通信机房一般采取全封闭方式。一般核心通信机房内通信设备密集，通信设备 24 小时不间断地运行发热，这导致通信机房内温度升高，通信设备运行产生的热量通过通信机房的散热系统散发。散热系统由风机、空调等设备构成，散热系统必须在任何季节都进行散热。

通信机房新风/空调系统的散热原理如图 6.1 所示。图中，$Q$ 为通信机房设备的总散热量，$Q_{input}$ 为进风口带来的热量，$Q_{output}$ 为出风口排风排出的热量。根据通信机房内温度的分布规律(通信机房内上方温度高,下方温度低,大型通信机房内上方和下方的温度之差在 3℃以上),将进风口设在机房低处,出风口的水平高度高于机柜,设在通信机房高处,采取下送风上回风设计。根据通信机房发热情况和配置空调的总功率,通信机房新风系统要求进风量略大于出风量,在通信机房内形成微正压,由离心风机引入通信机房外部(经过过滤的)较低温度的空气,将混合后的冷空气沿地板传输,沿通道经过各排设备,将通信设备散发的热量中和,热空气上升通过出风口,由出风口排出室内最高温度处的热量,保证通信机房设备区域温度整体恒定[78]。

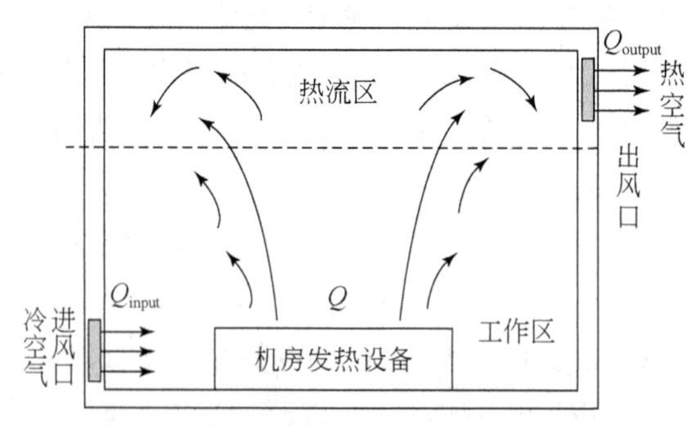


图 6.1　通信机房新风/空调系统的散热原理

为了解决通信机房无人值守状态下的节能降耗问题,需要设计管理信息系统,及时采集环境信息,自动跟踪昼夜、季节、地区温湿度的变化,形成对新风/空调系统(含排风)的自动监控联动,保持空调合理的工作状态。

信息系统包括环境集中监控系统和能耗管理系统。通过环境集中监控系统对通信机房的动力设备、空调设备、新风设备、环境参数等进行综合监控接入,实现遥测、遥控功能。能耗管理系统以环境集中监控系统为基础,对设备运行的动态关键能耗数据进行集中管理,分析基站环境数据,部署基站在不同季节的温度控制策略,自动设定空调运行参数,优化设备运行,从而有效地节能降耗。

环境集中监控系统和能耗管理系统的系统控制原理如图 4.2 所示。

## 6.2　节能降耗的自适应温度控制过程

我国幅员辽阔,气候特征多样,基站设备运行也必定是动态变化的,很难通过一种较为通用的固定模式或单一的温度控制策略进行管理,需要结合设备配置、地理环境、季节情况等,动态地进行部署,取得最佳的节能降耗效果。

在我国大部分地区,一年中有大部分时间的室外温度都在 25℃以下,这个温度完全能够满足室内通信设备工作环境的要求,完全可以不用空调。由于冬、春、秋三个季节早晚时段室外温度低,因此可通过热传递,利用自然通风原理来降低通信机房内的温度,从而避免电能的浪费。还有很多地区部分月份气温较高,这时要频繁使用空调。显然,空调系统比新风系统耗电,因此,通过智能温度控制减少空调设备运行时间是实现节能的有效方法。

本节设计了节能降耗的自适应温度控制系统,通过温度控制实现通信机房环境温度和能耗的调节控制。在通信机房设备区域安装温度探头,采取多点采样、汇总加权平均技术,实时监测设备区域温度,同时监控室外温度。在智能控制器中,设置新风系统启动、空调启动的室内室外温度上下限,根据限值,实现新风/空调系统分温度区域的交替工作,并通过设置工作延时的方式,防止出现空调系统反复启动的情况。对温度的控制过程如下:系统实时检测室外温度与室内温度,当通信机房内部温度上升至设定的需要散热的温度时,智能控制器自动进行机房内、外温度的比较,确认通信机房外部温度低于通信机房要求温度(当室外温度较低时),新风系统工作,关闭空调,这时,进、出风机组件将自动打开风门,利用离心风机引入通信机房外部(经过过滤的)较低温度的空气,并排出通信机房内部的热空气,从而达到降温的目的。经过一段时间的通风散热后,当通信机房内部温度下降到其设定的温度时,进、出风机组件将自动关闭风门和风机组,有效阻断内外空气的对流。若经过一段时间的通风散热,通信机房内部温度仍在继续上升,当温度上升至设定的空调启动温度时,进、出风机组将自动关闭,同时自动启动空调,由空调系统控温在一定温度(如 25℃)。经过一段时间的空调制冷,当通信机房内部温度下降至设定的空调关闭温度时,智能控制器自动关闭空调,启动通风,工作过程循环[79~81]。

对于这种新风/空调系统,当室外温度较低时,新风系统工作,关闭空调;当室外温度较高时,关闭新风系统,开启空调。通过提供优化的温度控制策略,实现空调的节能。由环境集中监控系统和能耗管理系统自动设定空调运行参数,系统自动跟踪昼夜、季节、地区的温度变化而自动控制空调合理的工作状态,实现自适应温度控制。

## 6.3　空调启动温度的定量决策

在通信机房节能智能控制器中,改变一贯的一年四季空调设定固定温度的温度控制方式,可以设置系统的风机启动温度、风机停止温度、空调启动温度、空调停止温度、风机强制启动温度和室内外温度差等参数。系统可以实时检测室内外温湿度,控制风机与空调的联动工作。空调能耗比风机能耗高,设置合适的空调启动温度,可以大幅降低能耗。这里以空调启停为例,研究空调启动温度的定量决策方法。

根据通信机房的发热情况、配置空调的总功率和测算的通风设备的相关参数,同时根据通风工程和空气动力学原理,得到空调启动温度的决策方法如下(以下都是指单位时间内的)。

通信机房设备的总散热量:

$$Q=P\eta$$

式中,$Q$(发热功率)为通信机房设备的总散热量;$P$(功率)为通信机房总功耗,$P=UI$ ,$U$ 为电压,$I$ 为电流;$\eta$ 为设备耗能发热系数。

热平衡是室内总得热量和总失热量相等,即

$$\sum Q_{get}=\sum Q_{lose} \tag{6.1}$$

式中,$\sum Q_{get}$ 为室内总得热量;$\sum Q_{lose}$ 为室内总失热量。

$$\sum Q_{get}=Q+Q_{input} \tag{6.2}$$

式中,$Q$ 为设备的发热热量;$Q_{input}$ 为进风带来的热量。

$$\sum Q_{lose}=Q_{output} \tag{6.3}$$

式中,$Q_{output}$ 为出风口排风排出的热量。

空气比热容(单位质量某物体升高 1℃所吸收的热量,单位为 J/(kg・℃)为

$$C=1.4$$

空气质量:

$$M=L\rho$$

式中,$M$ 为空气质量;$L$ 为流量,$m^3/s$;$\rho$ 为密度,$kg/m^3$。因此,有

$$M_{input}=L_{input}\rho_{input},\quad M_{output}=L_{output}\rho_{output}$$

假设排风温度为环境集中监控系统测算的确定值(如 29℃),查得空气密度 $\rho$ 为一确定值(如 $\rho=1.293kg/m^3$),由 $\sum Q_{get}=\sum Q_{lose}$ ,联立式(6.1)~式(6.3),可得

$$Q+Q_{input}=Q_{output}$$

即

$$P\eta+Q_{input}=Q_{output}$$

即

$$UI\eta+CT_{input}M_{input}=CT_{output}M_{output} \tag{6.4}$$

$$UI\eta+CT_{input}L_{input}\rho_{input}=CT_{output}L_{output}\rho_{output} \tag{6.5}$$

式中,$T_{input}$ 为进风温度;$T_{output}$ 为排风温度;$\rho_{input}$ 为进风密度;$\rho_{output}$ 为排风密度;$L_{input}$

为进风体积；$L_{output}$为排风体积。空气平衡时进风风量约等于排风量，设定通风量$L$，显然

$$L_{input}=L_{output}=L \tag{6.6}$$

将式(6.6)代入式(6.5)，有

$$CL\rho_{input}T_{input}=CT_{output}L\rho_{output}-UI\eta$$

得

$$T_{input}=\frac{CT_{output}L\rho_{output}-UI\eta}{CL\rho_{input}}$$

如果确定通信机房进风机、出风机的通风量、排风温度(如29℃)等参数，取$\eta$为基站环境集中监控系统测算的设备耗能发热系数(如$\eta=0.7$)，可据此确定通信机房进风温度，即空调设置温度。按照以上方法由环境集中监控系统和能耗管理系统自动计算空调启动温度，使空调按需工作，同理，也可计算空调停止温度等参数，使用这种智能关断和智能温度控制技术达到节能的目的。

## 6.4　应用情况

从2012年开始对某基站通信机房进行比较运行，单日为开启全部空调且空调设置同一温度，双日为按照决策得到的温度值设置空调启动温度，采集数据进行比对。经使用表明，夏季核心机房的节能效果明显，根据实际测试，节能前平均每天制冷用电375.61kW·h；节能后平均每天制冷用电77.03kW·h。冬季核心机房的节能效果也很明显，平均每天节约电约407.4kW·h。全年节电率为37%左右。除了直接节省的电费，还有多方面的效益。例如，空调的运行时间减少了50%以上(夏天空调使用频繁)，减少了空调设备的维护成本(如更换过滤网、坏件维修等)。使用节能系统后，每年约有4个月空调基本不运行，还有4个月空调运行时间减少，因此减少了空调的机械磨损，延长了空调的使用寿命。在保证机房必备的环境条件下，实现了节能、节费的目标。

本章方法适用于通信基站在室外温度较高和室外湿度合适的场合下利用空调来降低室内温度的情形，也适用于各类通信枢纽、中心交换局等大型机房。

# 第 7 章　模糊神经网络温度控制方法

很多情况下，不能有针对性地对无人值守状态下的空调系统采取节能措施，如通信基站空调系统，耗电量会非常高。基站机房内大量交换设备和传输核心设备分布密集，常年运行发热量高，任何季节都必须使用空调系统进行散热。

空调系统温度控制的调节过程具有较大的不确定性，输入和输出之间很难用一定的数学模型进行描述，控制过程很大程度上依赖个人的经验。以丰富的专家知识作为基础建立模糊集合、隶属度函数和模糊规则，用模糊控制来控制空调实现节能是一种优化控制方法。然而，模糊控制的专家系统不能随环境的改变自动更新变化，缺乏良好的自学习能力，无法寻找到最优隶属度函数，因此很难做到高精度的控制，节能效果并不明显[60]。针对复杂、非线性系统，可以利用系统经验数据对神经网络进行训练。神经网络具有良好的信息处理的自组织能力、自适应能力和自学习能力[82,83]。在温度控制方面，国内外学者做了一些研究。Thompson等[84]在 2005 年设计了使用模糊神经模型生成温度运行过程行为的控制器，给出了控制器所使用的模糊决策和有条件的去模糊化方案，达到了比较满意的效果，避免了控制信号的不必要改变。王瑛等[85]在 2009 年提出了模糊神经网络稳定、有效的控制变风量系统的末端装置的方法，仿真实验表明模糊神经网络控制器优于典型的 PID 控制器和基本模糊控制器。

本章以通信基站为例，提出以模糊神经网络控制为基础的温度智能控制系统。基于模糊神经网络设计空调节能系统，包括对通信基站节能系统结构和功能进行设计。根据通信基站环境设计适应节能系统的控制器和智能控制算法，使系统能够自适应和自学习，从而根据运算的结果调节终端状态以实现节能管理控制[86]。

## 7.1　温度控制系统原理

基站空调节能系统由感知信息系统、远程监控系统、远程抄表系统和温度控制系统等组成。感知信息系统由监控点和监控端两部分组成，在基站室内外安装传感器设置环境监控点以感知信息，在监控端安装监控软件。远程监控系统通过网络服务器将基站室内外环境监控点获知的各项环境参数，通过网络传输到监控中心，通过监控端安装的监控软件实时浏览、遥控监控点。远程抄表系统由电表、数据采集器、无线收发系统组成，利用 Internet、移动通信网络，实现实时可靠地远程抄收电表数据，获知室内耗能参数。温度控制系统可以预先设定室内适宜温度，也可远程命令调节，根据当前温度情况自动启停空调设备。温度控制系统通过智能控制空调设置温度的方式自动控制基站环境，实现节能，是整个节能系统的核心。温度智能控制系统结构如图 7.1 所示。

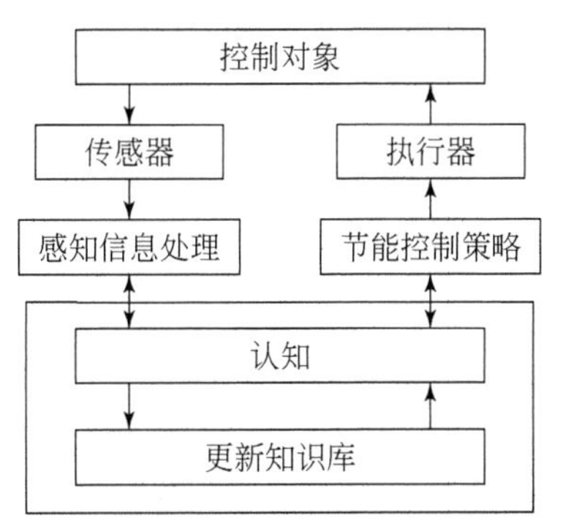


图 7.1　温度智能控制系统结构图

图 7.1 中控制对象表示通信基站控制系统环境下的节能控制对象。感知信息处理部分将传感器发送的不完全信息加以处理，同时进行数据辨识与整理更新，最终获取有效信息。认知部分接收存储经验数据和知识库，对数据做出决策分析。以模糊神经网络控制为基础的温度智能控制部分，在空调系统控制器使用之前还要将抽象的经验知识转化成输入样本，用前馈神经网络进行训练，自学习经验规则样本。利用神经网络学习能力更新节能管理知识库。节能控制策略部分根据节能要求自动搜索经验知识以及反馈信息推理出节能控制策略，发送策略信息给执行器和控制器实现节能控制[87]。

建立一个含有模糊神经网络在内的闭环控制器，模糊神经网络温度控制原理如图 7.2 所示。图 7.2 中，$y_d(t)$ 为系统期望输出，$y(t)$ 为系统 $t$ 时刻的实际输出。选取 $e(t)$ 、$e_c$ 为输入变量，其中，$e$ 是期望室温度值 $y_d$ 与实际输出值温度值 $y$ 之间的偏差，$e_c$ 为偏差的变化率；$E$、$E_C$ 为经过数据格式转化后的温度误差及误差变化率；$u$ 为输出控制量；$K_1$、$K_2$、$K_3$ 为数据格式转换器。节能控制系统根据各个传感器采集的实时数据，通过模糊神经网络得出相应的设备控制方案，采用闭环控制技术实现对空调房间温度的自动控制，从而实现节能。

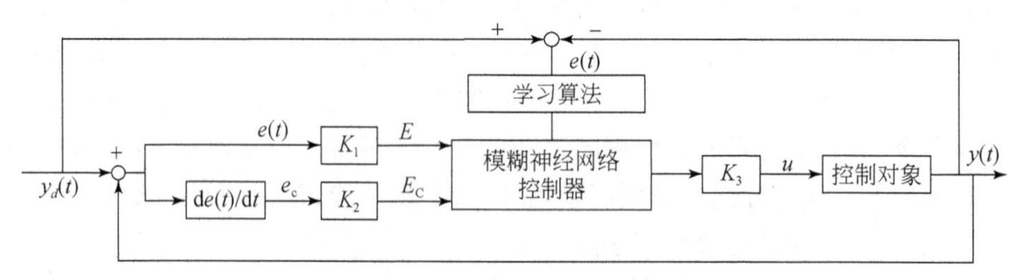


图 7.2　模糊神经网络温度控制原理图

## 7.2　模糊神经网络控制器的设计

通信基站空调系统温度控制的节能控制器系统采用模糊神经网络,确定一个多层前馈神经网络作为模糊神经网络结构,构建一个具有对基站环境参数分析的推理规则,以不确定数据推断出确定的结果,实现智能节能控制。

基于模糊神经网络的空调系统智能控制器的设计步骤如下。

(1)无线传感器采集数据信息,将空调系统控制器采集到的事实数据或管理者的经验知识输入转化成模糊量,作为神经网络的输入节点。

(2)根据基站空调系统规则库中抽象的专家经验规则建立系统模糊推理部分。根据控制系统中的智能与节能要求,建立模糊隶属度函数和模糊规则,初步确定空调系统模糊逻辑模型。

(3)以初步确定的空调系统模糊逻辑模型,建立模糊神经网络结构,再对神经网络的各层节点赋予空调系统隶属度函数值和模糊规则。

(4)利用模糊神经网络系统对大量数据进行训练学习,以提高系统精度。

(5)通过模糊神经网络学习后的权值,自动更新修正隶属度函数和模糊规则,得到一个最优的解作为系统最终的隶属度函数和模糊规则,以保证系统的准确性。

(6)将神经网络输出的语言变量进行反模糊转化成一个具体的控制量。

在构造基站模糊神经网络模型结构时,为了增强系统的自学习和自适应能力,一般采用多层网,网络至少涵盖输入层、隶属度函数层、规则层、规范化层和反模糊层。本章采用基于标准模型的模糊神经网络控制器结构,模糊神经网络结构如图 7.3 所示。以温度的偏差和偏差变化率作为控制器的输入,$e(k)$ 和 $e_c$ 各具有 7 个模糊集合,输入隶属度函数选用高斯函数。图中的模糊神经网络结构中 $\omega_{ij}^2$ 、$\omega_{ij}^3$ 及 $\omega^4$ 均取 1,确定模糊神经网络控制器各层的处理过程如下。

第一层采用温度的误差 $E$ 以及误差变化率 $E_C$ 作为输入。

$$x_1 = E, \quad x_2 = E_C, \quad y_i^{(1)} = x_i, \quad i = 1,2 \tag{7.1}$$

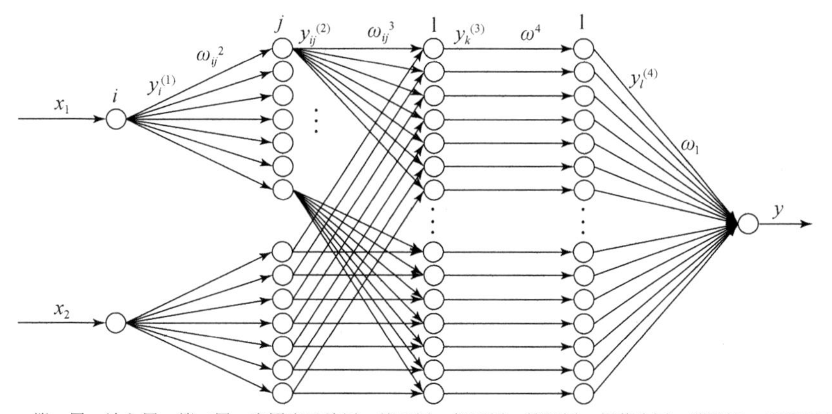


图 7.3　模糊神经网络结构图

第二层模糊化，误差、误差变化语言论域设为{负大，负中，负小，零，正小，正中，正大}，符号表示为{NB，NM，NS，ZO，PS，PM，PB}。隶属度函数选用高斯函数：

$$y_{ij}^{(2)}=\exp\left[-\frac{(y_i^{(1)}-a_{ij})^2}{b_{ij}^2}\right] \tag{7.2}$$

式中，$i=1,2$；$j=1,2,\cdots,7$；$a_{ij}$ 和 $b_{ij}$ 分别为第 $i$ 个输入变量的第 $j$ 个模糊集合的高斯隶属度函数的均值和标准差，是模糊神经网络的可调参数。

第三层为规则，本章描述输入、输出关系的模糊规则为 $R^k$：if $x_1$ is $A_i$，$x_2$ is $B_j$ then $u$ is $C_k$ $(i=1,2,\cdots,7;j=1,2,\cdots,7;k=1,2,\cdots,49)$。$y_k^{(3)}=y_{1,i}^{(2)}\wedge y_{2,j}^{(2)}$，该层节点数为 $7\times7=49$。模糊推理得到每条规则的适应度。

第四层为规范化处理：

$$y_l^{(4)}=\frac{y_k^{(3)}}{\sum_{k=1}^{49}y_k^{(3)}},\quad l=1,2,\cdots,49 \tag{7.3}$$

最后一层采用中心法进行解模糊。

$$y=\sum_{l=1}^{49}\omega_l y_l^{(4)},\quad l=1,2,\cdots,49 \tag{7.4}$$

在以上表达式中，$\omega_l$ 为输出层的连接权值，参数 $a_{ij}$、$b_{ij}$ 和 $\omega_l$ 通过学习不断得到优化。

由于 BP 神经网络算法学习速度慢，而且易于落入局部极小，因此可采用加入动量项的改进 BP 神经网络算法作为学习算法训练网络权值[88]。

## 7.3　模糊神经网络的学习方法

为了训练并获得模糊神经网络控制器，采用输入误差 $E$、误差变化率 $E_C$ 及对应的控制输出 $y$，可以用 BP 神经网络算法来修正网络中的可调参数 $\omega_l$ 、$a_{ij}$ 和 $b_{ij}$ 。

模糊神经网络的学习算法定义误差函数为

$$E=\frac{1}{2}(y_{di}-y_i)^2$$

式中，$i$ 为学习样本数，$y_{di}$ 为系统期望的输出值；$y_i$ 为实际输出值。BP 神经网络算法的目的是寻找学习参数即最后一层的连接权值 $\omega_l$ ，以及隶属度函数的中心值 $a_{ij}$ 和宽度值 $b_{ij}$ ，使 $E=\frac{1}{2}(y_{di}-y_i)^2$ 趋于全局最小。权值的调整用一阶梯度法，则

$$\Delta\omega_l=-\eta\frac{\partial E}{\partial\omega_l}=\eta y_i(1-y_i)(y_{di}-y_i)y_l^3$$

令

$$\delta_l=y_i(1-y_i)(y_{di}-y_i)$$

则

$$\Delta\omega_l=\eta\delta_l y_l^3$$

式中，$\eta$ 为可调参数的学习率，用来控制学习速度；$l=1,2,\cdots,49$；$i=1,2$；$j=1,2,\cdots,7$。

通过增加惯性项的方法可以加快收敛速度，推导可得网络权值调整公式为

$$\omega_l(t+1)=\omega_l(t)+\Delta\omega_l+\alpha(\omega_l(t)-\omega_l(t-1))$$

$$a_{ij}(t+1)=a_{ij}(t)+\Delta a_{ij}+\alpha(a_{ij}(t)-a_{ij}(t-1))$$

$$b_{ij}(t+1)=b_{ij}(t)+\Delta b_{ij}+\alpha(b_{ij}(t)-b_{ij}(t-1))$$

式中，$\alpha$ 为惯性系数，$0<\alpha<1$；$t$ 为时间变量。

基站空调室内温度模糊神经网络控制系统由网络训练部分和网络控制部分组成。网络训练部分包括样本输入数据的预处理和模糊神经网络学习算法，即按以上算法进行网络训练，学习和调整权值，建立室内温度和控制信号之间的对应关系。网络控制部分包括将训练好的权值赋给网络，正向传播温度偏差和温度偏差的变化率信号，最终得到对室内温度进行控制的室内温度控制信号。

## 7.4　实验结论

按照基站运行设备的环境温度要求，采用闭环控制系统自动控制室内温度。

选取室外天气温度相近的连续两个整天，其中一天采用基站的原控制模式，即将空调系统的温度一直设置为 28℃。另一天采用本章设计的方法。两种方法下的温度运行曲线如图 7.4 所示。

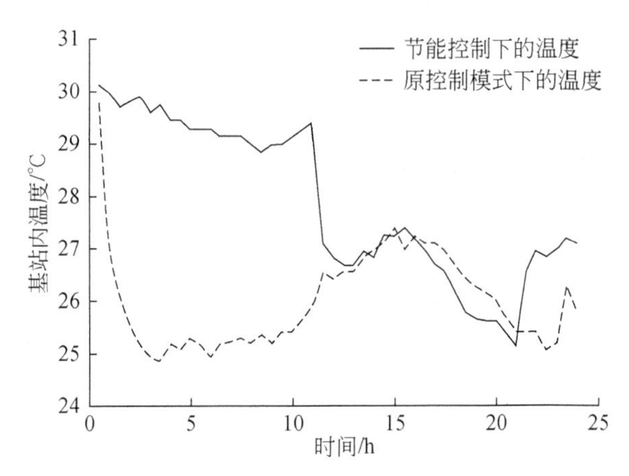


图 7.4　基站空调系统模糊神经网络控制温度曲线图

由图 7.4 可以看出，与无人值守状态下将空调固定在一个模式的温度控制相比，采用模糊神经网络控制后温度上限保持在 31℃，室内温度变化相对稳定，一般平均为 25～30℃，基本达到了基站运行设备环境要求。这表明采用提出的控制策略具有更好的鲁棒性和自适应能力，能够取得良好的动态性能。采用模糊神经网络控制后还充分避免了空调的频繁调控，控制效果比原控制模式好。

采用此不确定性节能控制装置及不确定控制方法对基站进行改造，节电效果明显。用电量的比较如表 7.1 所示。改造后的基站全年总电耗为 3880 kW · h，比改造前的总电耗少了 37%。

**表 7.1　改造前后基站全年能耗统计表**

| 耗电类型 | 改造前立式空调 | 改造后立式空调 |
| --- | --- | --- |
| 全年分项耗电量/(kW · h) | 6159 | 3880 |
| 节省耗电量/(kW · h) | 2279 | |

仿真实验表明，采用本章提出的控制策略可以克服不确定性的影响，系统具有更好的鲁棒性和自适应能力。这种方法可用于相似温度控制环境下的节能。

很多类似于通信基站环境的系统，如冷链物流系统也存在着非线性和不确定性问题。为了解决这种无法取得数学模型或数学模型粗糙系统的节能问题，本章引入模糊神经控制网络。模糊神经控制网络在非线性和不确定性系统中的应用如下:通过无线传感网络或者系统知识库提取系统内的控制参数,把各类控制指标利用模糊控制规律和隶属度函数表示;将构建好的模糊控制规则移植到各个智能节点,同时利用神经网络自学习能力更新规则库;利用神经网络优化系统控制的模糊规则和隶属度函数。基于模糊神经网络的节能控制器,由多层神经网络构成。输入层中每个神经元节点都对应一种现实环境参数。神经网络中的神经元具有较强的自学习、自适应能力,能够直接处理数据。连接神经元与神经元之间的权值也随着环境的变化自动辨识。利用神经网络的自学习能力,可动态调整隶属度函数、在线优化控制规则,对于非线性和不确定性系统的控制具有明显的优势。将模糊神经网络引入非线性和不确定系统,在智能控制器中采用模糊神经网络算法是优化控制弥补自学习缺失一种较好的控制方式,为智能化节能的研究指出了一个新方法。

# 第8章　基于灰色预测的模糊神经网络温度控制方法

变风量空调系统是保持送风温度一定，通过改变送风量来调节房间温度，达到房间温度要求的系统。变风量空调系统主要由空调设备、控制检测装置和被控对象等组成。变风量空调系统是高度非线性、大时滞系统，要保证房间温度高精度跟踪控制，空调系统的温度控制通常采用常规模糊控制算法。然而，常规模糊控制算法系统响应慢，控制精度不高[89,90]。模糊神经网络控制结合了神经网络控制具有较强的适应和学习功能的优点，根据输入输出样本来自动设计和调整模糊系统的设计参数，用多层前馈网络构造模糊推理控制模型，通过在线自学习修正网络权值实现模糊神经网络的自学习控制，通过自学习功能与较强的适应性，自动设计和调整模糊系统的模糊规则和隶属度函数等设计参数。模糊神经网络不仅结合了人的控制经验中总结出的模糊控制规则，而且具有良好的非线性逼近能力和自学习能力，因此适用于空调系统这类结构复杂且难以用传统理论建模的系统的温度控制[91]。

灰色预测控制是通过系统行为数据序列的提取，寻求系统发展规律，从而按照规律预测系统未来的行为，并根据未来行为趋势，确定相应的控制决策进行预控制的一种控制方法[92]。灰色模型从理论上来讲可以建立近似一阶微分方程，从而对房间温度和热误差之间的关系做出整体、动态的分析，但是该模型缺乏自学习、自组织能力，而且没有误差反馈调节机制，当环境条件发生改变时将会影响温度控制模型的预测精度[69]。本章将灰色预测控制和模糊神经网络控制结合起来，提出一种基于灰色预测的模糊神经网络房间温度控制算法[93~95]。该算法首先结合灰色预测的优点得到温度动态模型，然后采用模糊神经网络控制算法对房间温度的主要控制参数进行精确的跟踪控制。

## 8.1　基于灰色预测的模糊神经网络控制结构

本章设计一种基于灰色预测的模糊神经网络的空调房间温度控制系统，基于灰色预测模型的模糊神经网络控制原理如图8.1所示。系统主要由控制器、预测器和被控对象等组成。其中，控制器采用模糊神经网络控制技术，模糊控制与神经网络控制有机结合可以提高系统的控制精度。控制器的输入量分别为温度差、温度误差的变化率和预测输出与理想输出的误差值。先用灰色模型对数据进行预处理,通过预测控制消除系统的惯性和迟延,更好地解决空调系统时滞、控制精度和稳定性等问题。再由模糊神经网络进行综合计算和误差反馈,在线调节系统参数,增强系统的自适应性。用该方法来模仿人的思维方式以进行系统控制,将预测算法和模糊神经网络控制两者有机结合,实现对变风量空调系统的优化控制。

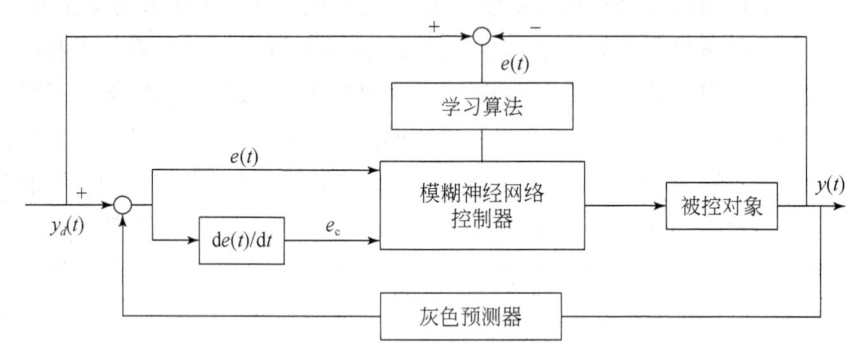


图 8.1　基于灰色预测模型的模糊神经网络控制原理图

图 8.1 中,$y_d(t)$ 为温度设定值,$y(t)$ 为系统 $t$ 时刻的实际输出。模糊神经网络控制器用于系统控制,灰色预测器用于输出预测,灰色预测器通过对网络的学习,预测系统的未来输出,使模糊神经网络控制器提前感知系统的变化趋势,从而做出相应的调整。

## 8.2　灰色预测模型的建立

空调房间的温度控制系统是一个灰色系统,介于白色系统和黑色系统之间,即部分信息已知、部分信息未知,是信息不完备的系统。统计预测有理论成熟的方法,但要求有足够的样本和充分的数据,还需要符合典型分布,这对房间温度预测有一定的难度。灰色系统预测对数据量要求不高,更不要求典型分布,具有能够利用少数据建模寻求现实规律的良好特性,可有效克服数据不足或系统周期短的矛盾,其已在许多领域的预测、仿真工作中得到了应用,并且实践证明其预测精度较好[69]。在灰色预测模型中,对时间序列进行数量大小的预测,随机性被弱化,确定性被增强。灰色系统理论已广泛应用于社会、气象、管理、工业控制等领域的预测与决策中。

温度控制过程是一个复杂的系统,难以精确地建立数学模型,可在灰色系统理论的指导下采用灰色模型。利用灰色模型可根据过去及现在已知的或非确知的信息,建立一个从过去引申到将来的灰色模型,对系统的发展变化进行全面的分析观察,并做出预测。

### 8.2.1　灰色预测算法

灰色系统理论中的 GM(1,1)是应用最广泛的灰色模型。对于房间温度预测,将来时刻的房间温度主要通过历史时刻的温度,采用灰色预测模型 GM(1,1)进行预测。要得到房间温度的预测值,需要按新陈代谢原理建立一个 GM(1,1),具体方法为:利用信息系统,采集历史时刻的系统行为数据,此时在生成层次上求解得到生成函数,据此建立被求序列的数列预测,其预测模型为一阶微分方程,即只有一个变量的灰色模型,记为 GM(1,1)。

灰色预测算法如下所述。

GM(1,1)是由一个一阶微分方程构成的,是关于单变量的方程。设 $Y^{(0)}$ 为一个原始输出的非负序列,即

$$Y^{(0)}=(y^{(0)}(1),y^{(0)}(2),\cdots,y^{(0)}(n))$$

对 $Y^{(0)}$ 进行一次累加生成操作,得到

$$Y^{(1)}=(y^{(1)}(1),y^{(1)}(2),\cdots,y^{(1)}(n))$$

式中

$$y^{(1)}(k)=\sum_{i=1}^{k}y^{(0)}(i),\quad k=1,2,\cdots,n$$

$Y^{(1)}$ 为 $Y^{(0)}$ 的一次累加和。

对序列 $Y^{(1)}$ 进行紧邻均值生成操作,得到序列 $Y^{(1)}$ 紧邻均值生成序列 $Z^{(1)}$,其中

$$z^{(1)}(k)=\alpha y^{(1)}(k-1)+(1-\alpha)y^{(1)}(k),\quad k=1,2,\cdots,n$$

一般取 $\alpha=0.5$,即

$$z^{(1)}(k)=0.5(y^{(1)}(k)+y^{(1)}(k-1))$$

可得 GM(1,1)的灰色微分方程为

$$y^{(0)}(k)+az^{(1)}(k)=u \tag{8.1}$$

相应地,其白化方程为

$$\frac{\mathrm{d}y^{(1)}(t)}{\mathrm{d}t}+ay^{(1)}(t)=u \tag{8.2}$$

式中,$a$ 称为发展系数,其大小反映了序列 $Y^{(0)}$ 的增长速度;$u$ 称为灰色作用量。使用最小二乘法,得到待辨识的参数为 $\theta=(a,u)^{\mathrm{T}}=(B^{\mathrm{T}}B)^{-1}B^{\mathrm{T}}X_n$,即

$$\begin{bmatrix}a\\u\end{bmatrix}=(B^{\mathrm{T}}B)^{-1}B^{\mathrm{T}}X_n$$

式中，$B=\begin{bmatrix}-z^{(1)}(2) & 1\\ -z^{(1)}(3) & 1\\ \vdots & \vdots\\ -z^{(1)}(n) & 1\end{bmatrix}$ 即 $B=\begin{bmatrix}-(y^0(1)+y^0(2)/2) & 1\\ -(y^0(2)+y^0(3)/2) & 1\\ \vdots & \vdots\\ -(y^0(n-1)+y^0(n)/2) & 1\end{bmatrix}$；$X_n=(y^{(0)}(2),y^{(0)}(3),\cdots,y^{(0)}(n))^{\mathrm{T}}$。

式(8.1)的时间响应序列为

$$\hat{y}^{(1)}(k+1)=\left(y^{(0)}(1)-\frac{u}{a}\right)\mathrm{e}^{-ak}+\frac{u}{a},\quad k=1,2,\cdots,n \tag{8.3}$$

对序列 $\hat{Y}^{(1)}$ 进行累减操作，即累加生成的逆运算，可得预测序列 $\hat{Y}^{(0)}$，其中

$$\hat{y}^{(0)}(k+1)=\hat{y}^{(1)}(k+1)-\hat{y}^{(1)}(k),\quad k=1,2,\cdots,n$$

由此得到预测表达式为

$$\hat{y}^0(k+1)=\hat{y}^1(k+1)-\hat{y}^1(k)=(1-\mathrm{e}^a)\left(y^0(1)-\frac{u}{a}\right)\mathrm{e}^{-ak} \tag{8.4}$$

### 8.2.2 等维新信息滚动预测算法

灰色预测是一种以数找数的算法，它不需要被控对象的先验信息，仅根据被控对象的系统行为进行预测。要保证温度控制过程后续的精确控制，因此本小节提出采用改进的灰色预测模型对主要参数进行预测。

用来建模的原始数据列 $Y^{(0)}=(y^{(0)}(1),y^{(0)}(2),\cdots,y^{(0)}(n))$ 的组成会影响GM(1,1)的精度。GM(1,1)需要不断考虑相继进入系统的扰动，新信息序列能够反映过去序列没有的新信息，因此需重建GM(1,1)，建立新信息过程模型，同时预防数据膨胀。因此，及时补充新信息，补充一条新信息，即替换掉一条老信息。这样，就能够保证在滚动建模时维持数据个数 $m$ 不变。以下为等维新信息滚动预测算法[89]。

设系统在 $h$ 时刻的采样值为 $y^{(0)}(h)$，$y^{(0)}(h)$ 与在此之前的 $m-1$ 个被采集的数据形成以下序列：

$$Y^{(0)}=(y^{(0)}(h-m+1),y^{(0)}(h-m+a),\cdots,y^{(0)}(h))$$

由此 $m-1$ 个数据经式(8.1)～式(8.4)的变换，得到超前一步的预测式为

$$\hat{y}^{(1)}(k+1)=\left[y^{(0)}(h-m+1)-\frac{u}{a}\right]\mathrm{e}^{-am}+\frac{u}{a}$$

$k_1$ 步预测为

$$\hat{y}^{(1)}(h+k_1)=\left[y^{(0)}(h-m+1)-\frac{u}{a}\right]\mathrm{e}^{-a(m+k_1-1)}+\frac{u}{a}$$

$k_1-1$ 步预测为

$$\hat{y}^{(1)}(h+k_1-1)=\left[y^{(0)}(h-m+1)-\frac{u}{a}\right]\mathrm{e}^{-a(m+k_1-2)}+\frac{u}{a}$$

则

$$\begin{aligned}\hat{y}^{(0)}(h+k_1)&=\hat{y}^{(1)}(h+k_1)-\hat{y}^{(1)}(h+k_1-1)\\&=\left[\hat{y}^{(0)}(h-m+1)-\frac{u}{a}\right](\mathrm{e}^{-a(m+k_1-1)}-\mathrm{e}^{-a(m+k_1-2)})\end{aligned}\tag{8.5}$$

式中,$h$ 为数据采集时刻;$m$ 为建模的维数,即每一时刻参与预测的数据个数;$a$、$b$ 为 $h$ 时刻通过辨识得到的参数;$k_1$ 为预测步数。

在灰色系统理论中,根据关联度、生成数的灰导数以及灰微分等观点建立微分方程,得到 GM(1,1)。在 GM(1,1)的基础上,建立灰色预测控制过程。在等维新信息滚动预测算法中,需要辨识出发展系数 $a$ 和灰色作用量 $b$ 这两个模型参数。等维新信息滚动预测算法的优点是不需要建立被控对象的模型,预测需要的原始数据少,计算量小,使用简单且速度快,并且适用于复杂的动态过程,有较强的自适应性,适合在对系统进行实时控制的情形下使用。

## 8.3　空调房间温度模糊神经网络控制及实现

用前面建立的灰色模型预测系统未来一步或多步的行为数据,然后将行为预测值与行为的给定值进行比较,计算系统误差及误差变化率。灰色预测模糊神经网络控制器将预测误差及其变化率作为控制器的输入,进行相应的预控制[96]。输入变量为控制量的误差和误差变化率。为了达到房间温度的高精度控制,分别将它们划分为 7 个模糊子集{NB,NM,NS,ZO,PS,PM,PB},对应{负大,负中,负小,零,正小,正中,正大},使用精度较高的三角形隶属度函数,其表达式为

$$\mu_{ij}(u_i)=1-\frac{2\mid u_i-a_{ij}\mid}{b_{ij}},\quad i=1,2;j=1,2,\cdots,l$$

式中,$u_i$ 为输入变量;$a_{ij}$ 为隶属度函数的中心;$b_{ij}$ 为隶属度函数的宽度。

模糊推理控制器由如下规则构成:$R_m$ :if $u_1$ is $A_{ij}$ and $u_2$ is $A_{2j}$ then $y$ is $c_m$ 。其中,$R_m$ 表示第 $m$ 条模糊规则;$u_i$ $(i=1,2)$为输入变量;$y$ 为控制器输出变量;$A_{ij}=$ [NB,NM,NS,ZO,PS,PM,PB] ;$j=7$;$\mu_{A_{ij}}(u_i)$ 为隶属度函数;$c_m$ $(m=1,2,\cdots,49)$为第 $m$ 条模糊规则对于输出的作用权值。最后得到模糊神经网络系统的推理输出为

$$y^*(t)=\sum_{j=1}^{m}\frac{(\mu_{A_{ij}}(u_1)\mu_{A_{2j}}(u_2))c_j}{\sum_{j=1}^{m}(\mu_{A_{ij}}(u_1)\mu_{A_{2j}}(u_2))}\tag{8.6}$$

通过对参数 $a_{ij}$ 、$b_{ij}$ 和 $c_j$ 的调整，能够较大地改善模糊神经网络的学习能力。假设输入变量的期望输出为 $y^d$ ，被控对象的实际输出为 $y^*(t)$ 。定义目标函数为

$$E=\frac{(y^*(t)-y^d)^2}{2} \tag{8.7}$$

将式(8.6)代入式(8.7)，可得

$$E=\frac{1}{2}\left[\frac{\sum_{j=1}^{m}(\mu_j(u)c_j)}{\sum_{j=1}^{m}\mu_j(u)}-y^d\right]^2=\frac{1}{2}\left\{\frac{\sum_{j=1}^{m}[\prod_{i=1}^{2}\mu_{ij}(u_i)]c_j}{\sum_{j=1}^{m}[\prod_{i=1}^{2}\mu_{ij}(u_i)]}-y^d\right\}^2 \tag{8.8}$$

式中，$\mu_j=\mu_{A_{1j}}(u_1)\mu_{A_{2j}}(u_2)$ ，该目标函数的输出主要由中心值 $a_{ij}$ 、宽度 $b_{ij}$ 和 $c_j$ 决定。模糊神经网络的学习算法通过不断修正隶属度函数和网络权值，保证目标函数稳定在给定的范围内。通过不断调整 $a_{ij}$ 、$b_{ij}$ 和 $c_j$ 使目标输出最小，从而保证温度控制过程参数的自适应控制。

基站空调房间温度模糊神经网络控制系统由网络的训练部分和网络的控制部分组成。按照第 7 章的模糊神经网络温度控制方法，得到室内温度的控制信号。

模糊神经网络控制器实时控制程序框图如图 8.2 所示。

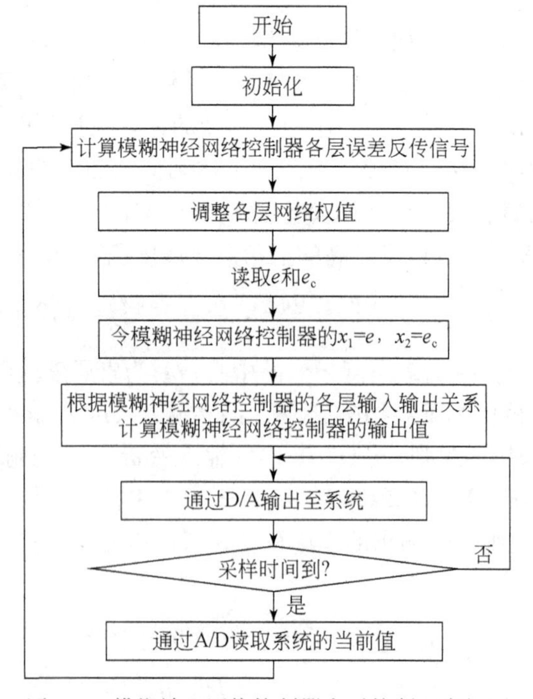


图 8.2　模糊神经网络控制器实时控制程序框图

采用闭环控制系统对基站环境与耗能设备的参数进行调节控制。客户端将整个系统设置成自动调节模式后，设定期望的环境参数值（如适宜的基站温度）。智能控制单元就会先发出检测指令，利用无线传感器检测室内温度对应的参数，然后与期望值进行对比，根据比较的结果做出相应的节能控制策略（如果与期望值一致或在一定范围内一致则无须控制），再将控制命令传达到终端执行器上的无线节点对基站节能参数进行调节，进行几次循环检测调控，直至与期望值相等或在一定范围内。

## 8.4 仿真研究

为了证明该算法的有效性，以通信基站温度为对象进行仿真研究。根据原始数据资料，应用灰色模型进行预测，得到需要预测的时间节点的短期预测量。对基于灰色预测模糊神经网络模型的模糊神经网络控制算法进行仿真。网络以系统的实际输出和预测器模型输出的差值作为预测器的学习信号[97]。对 BP 神经网络进行训练，得到相应的权值和阈值；当其误差训练到足够时间时，可认为该时刻预测器的输出是可信的。仿真结果和实际运行结果证明了该方法的有效性，适合将其应用到具有大滞后、时变以及不确定的温度控制过程中。实际运行结果及仿真结果也表明本章提出的控制策略具有良好的控制效果，以及较强的鲁棒性和自适应能力。

空调系统温度控制的调节过程具有较大的不确定性，模糊控制具备处理不确定信息的功能，空调系统还是一个非线性系统，输入和输出之间很难用一定的数学模型进行描述。为了保证温度控制参数的高精度控制，本章提出了模糊神经网络预测控制方法。该方法将模糊神经网络与预测控制有机结合，应用灰色预测技术，设计了灰色预测模型以提高系统的控制质量，实现优化控制。灰色系统建立的是连续的微分方程，通过已知信息来研究和预测未知领域，能够揭示事物连续发展的较长过程，可以对系统的发展变化进行全面的分析观察，并做出长期预测，从而达到了解整个系统的目的。灰色预测控制具有数据少、信息量少且运算量小的优点。在灰色预测模型中，对时间序列进行数量大小的预测，随机性被弱化，确定性被增强，能够准确预测温度控制过程中的参数，方便后续控制。基于模糊神经网络的空调系统温度控制器由多层神经网络构成。神经网络中的神经元具有较强的自学习、自适应能力，能够直接处理数据。连接神经元与神经元之间的权值也随着环境变化而自动辨识。利用神经网络的自学习能力，可以动态调整隶属度函数、在线优化控制规则，模糊神经网络控制能够通过网络学习，不断调整模糊控制系统结构，实现温度控制过程的精确控制。

基于灰色系统的模糊神经网络控制，对非线性和不确定系统的控制具有明显的优势，不仅能够实现最优控制，而且能够根据负载的变化和各种扰动的影响自动地调节控制输出，使空调系统达到最佳的工作状态。

# 第 9 章　模糊随机气温变量的温度控制模型

基站的空调系统是高度非线性、大时滞系统。无人环境下，系统通过温度传感器感受环境温度的变化，对空调压缩机进行动态变频调速，控制压缩机的启动和停止来调节室内温度。耗电是空调的温度控制引起的，而空调控制温度是由室内温度、室外温度以及空调的控制温度等因素决定的，需根据环境温度变化合理设置控制温度及空调的启停，实现节能。

一般来说，室外环境温度是不能清晰界定的信息，是受人类知识和认识所限而难以表达和清晰定义的信息。管理者根据经验和主观判断来估计未来天气温度的值，用模糊变量来描述有一定的合理性。对于天气温度，如果积累了用于拟合其概率分布的大量历史数据，用随机变量来描述有一定的合理性[98,99]。然而，由于缺乏历史数据，估计天气温度变量服从的概率分布非常困难。即使有较为充足的历史数据，也不完全可靠，此时完全利用随机变量来描述可能会出现偏差。可以说，天气温度变量的模糊性、随机性是交织在一起的，既是模糊变量，又是随机变量，可以被刻画为模糊随机变量。

室内环境温度也是不确定的。对于室内温度，常常缺乏足够的历史数据，例如，当没有五年以上的历史数据，而有最多两年的历史数据时，可以按照专家的经验刻画为模糊变量，确定其隶属度函数和控制规则。室内温度变量可能也会受到其他随机因素(如室外天气温度)的影响。因此，还要考虑天气温度等变量给室内温度变量造成的随机性。当有了较为充足的历史数据时，可考虑它的随机性。由于缺乏足够的历史数据，估计这些变量服从的概率分布非常困难。即使有较为充足的历史数据，但可能不完全可靠，此时完全利用随机变量来描述可能会出现偏差。具体来说，室内温度变量既是模糊变量，又是随机变量。

在许多情况下，室内温度和室外温度的随机性和模糊性可能同时存在。为了能够较为准确地刻画未来天气温度、室内温度等耗电量的影响因素变量，在不确定环境下节约耗电成本，本章根据企业天气温度的历史数据和管理者的经验描述，将天气温度和室内温度刻画为模糊随机变量，以研究节能策略[100]。

## 9.1　耗电量的影响因素分析

空调通过温度传感器感受室内温度变化来控制压缩机的启动和停止，实现对温度的控制。由于耗电是空调的温度控制引起的，而空调控制温度是由室内温度等因素决定的，因此，凡是影响温度的因素也潜在地影响着耗电量。与耗电量有关的因素有日期类型(工作日、周末、节假日)、温度、季节和其他因素(天气、温度、特殊事件等)。对耗电量影响最大的输入应该是温度的变化，如室外温度、室内温度等。

这些温度变量的升高或降低与耗电量之间存在着一种内在、隐含的映射关系，而这种关系并非一定是简单的线性关系，因此很难用简单明确的模型来描述，但可以用式(9.1)来抽象地概括两者之间的内在决定和驱动关系：

$$y=f(x_1,x_2,\cdots,x_n) \tag{9.1}$$

式中，$y$ 表示耗电量；$x_1,x_2,\cdots,x_n$ 表示影响耗电量的 $n$ 个温度因素。由式(9.1)可以看出，耗电量的影响因素是多方面的，而每个影响因素对耗电量增长的影响不是同等重要的，对耗电量影响的侧重点也不尽相同，因此这种错综复杂的内在关联决定了温度等影响因素与耗电量之间的多元非线性映射关系。

本章只讨论耗电量的三个影响因素:室内温度、室外温度和控制温度。室内温度是首要因素，因为室内温度是空调耗电量的根本决定性因素，室内温度越高，就越需要降温，降温时间也越长，耗电量越高。另外，室外温度和空调系统的控制温度也影响着耗电量。

## 9.2　模糊随机气温变量及其数学描述

模糊随机变量是对模糊随机现象的一种数学描述。本章根据企业天气温度的历史数据和管理者的经验描述，将天气温度和室内温度刻画为模糊随机变量。模糊随机变量强调随机结果中带有模糊性，随机性占主导。

Kwakernaak[101,102]给出了模糊随机变量的定义，此后根据各自理论的需要，Puri 等[103]、Kruse 等[104]，以及 Liu 等[57]给出了不同的可测性，从而产生了不同的模糊随机变量的数学定义。Liu 等[57]给出了独立同分布的模糊随机变量的概念，同时给出了模糊随机变量的纯量期望值算子的定义。

**定义 9.1**　假设 $\xi$ 是一个从概率空间 $(\Omega,A,\Pr)$ 到模糊变量集合的函数。如果对于 R 上的任何 Borel 集 $B$, $\mathrm{Cr}\{\xi(\omega)\in B\}$ 是 $\omega$ 的可测函数，则称 $\xi$ 为一个模糊随机变量[56]。

### 9.2.1　模糊随机室内温度的数学描述

根据定义 9.1，设室内温度 $\widetilde{R}$ 是一个从概率空间 $(\Omega,A,\Pr)$ 到模糊变量构成的集合的函数。$\Omega=(\omega_1,\omega_2,\cdots,\omega_n)$，室内温度 $\tilde{r}_1,\tilde{r}_2,\cdots,\tilde{r}_n$ 为正的模糊变量(如三角模糊变量、梯形模糊变量等)。假设与历史同期理想室内温度(最节电的)相比，不确定环境下存在 $n$ 种随机情形，如室内温度下降、室内温度与历史同期理想室内温度相近、上升等，用 $\omega_i$ ( $i=1,2,\cdots,n$ )表示第 $i$ 种温度情形(如用 $\omega_1$ 表示室内温度比历史同期理想室内温度降低)，每种情形发生的概率分别为 $p_1$，$p_2$，$\cdots$，$p_n$ 。可将室内温度 $\tilde{R}$ 表示为

$$\tilde{R}(\omega)=\begin{cases}\tilde{r}_1, & \text{室内温度下降}(\omega_1)\text{，发生概率 } p_1\\ \vdots & \qquad\vdots\\ \tilde{r}_i, & \text{当前室内温度与历史同期室内温度相近}(\omega_i)\text{，发生概率 } p_i\\ \vdots & \qquad\vdots\\ \tilde{r}_n, & \text{室内温度上升}(\omega_n)\text{，发生概率 } p_n\end{cases} \tag{9.2}$$

式中，$\omega_i\in\Omega=(\omega_1,\omega_2,\cdots,\omega_n)$，$\tilde{R}(\omega_i)=\tilde{r}_i$，随机因素 $\omega$ 的概率分布为 $P\{\omega_i\}=p_i(0\leqslant p_i\leqslant 1)$，$\sum\limits_{i=1}^{n}p_i=1$。

根据 Liu 等[58]的定义，由于式(9.2)中的 $\tilde{r}_i$ ( $i=1,2,\cdots,n$ )为正的模糊变量，则 $\tilde{r}_i$ 的期望值为 $E[\tilde{r}_i]=\int_0^{+\infty}\mathrm{Cr}\{\tilde{r}_i\geqslant q\}\mathrm{d}q$ 。若 $\tilde{r}_i$ 的隶属度函数为 $\mu_i$，根据 Liu[51]的定理，$\mathrm{Cr}\{\tilde{r}_i\geqslant q\}=\dfrac{1}{2}(\sup\limits_{x\geqslant q}\mu_i(x)+1-\sup\limits_{x<q}\mu_i(x))$ 。则

$$E[\tilde{r}_i]=\int_0^{+\infty}\frac{1}{2}(\sup_{x\geqslant q}\mu_i(x)+1-\sup_{x<q}\mu_i(x))\mathrm{d}q \tag{9.3}$$

因此，下面给出模糊随机室内温度的期望值的计算公式。

设室内温度 $\tilde{R}$ 为式(9.2)所示的模糊随机变量，$\tilde{r}_i$ 的隶属度函数为 $\mu_i$，如果 $P\{\omega_i\}=p_i$，$0\leqslant p_i\leqslant 1$，$\sum\limits_{i=1}^{n}p_i=1$，则 $\tilde{R}$ 的期望值为

$$E[\tilde{R}]=\sum_{i=1}^{n}E[\tilde{r}_i]p_i \tag{9.4}$$

式中，$E[\tilde{r}_i]$ 的计算公式为式(9.3)。

式(9.2)定义的室内温度可看成最简单形式的模糊随机室内温度。模糊随机室内温度还可以表示为关于随机变量 $\rho_1$ 的其他形式的模糊变量。

### 9.2.2　模糊随机室外温度变化率的数学描述

天气温度有很大的不确定因素。假设不确定环境下存在 $n$ 种随机情形，如天

气温度稳定、天气温度骤降和天气温度骤升等，用 $\omega'_i$ 表示第 $i$ 种随机天气情形，每种天气情形发生的概率分别为 $p'_1, p'_2, \cdots, p'_n$ ，$i=1,2,\cdots,n$ 。根据定义 9.1，本章将室外温度 $\widetilde{W}$ 表示为

$$\widetilde{W}(\omega')=\begin{cases}\widetilde{w}_1, & \text{天气温度骤降}(\omega'_1)\text{，发生概率 } p'_1 \\ \vdots & \qquad\vdots \\ \widetilde{w}_i, & \text{天气温度稳定}(\omega'_i)\text{，发生概率 } p'_i \\ \vdots & \qquad\vdots \\ \widetilde{w}_n, & \text{天气温度骤升}(\omega'_n)\text{，发生概率 } p'_n \end{cases} \tag{9.5}$$

式中，$\widetilde{w}_1, \cdots, \widetilde{w}_i, \cdots, \widetilde{w}_n$ 为模糊理想室外温度；$\omega'_i \in \Omega=(\omega'_1,\omega'_2,\cdots,\omega'_n)$ ；随机因素 $\omega'$ 的概率分布为 $P\{\omega'_i\}=p'_i$ ，$0\leqslant p'_i\leqslant 1$，$\sum\limits_{i=1}^{n} p'_i=1$。

由于式(9.5)中的 $\widetilde{w}_i$ 为正的模糊变量，则 $\widetilde{w}_i$ 的期望值为 $E[\widetilde{w}_i]=\int_0^{+\infty}\mathrm{Cr}\{\widetilde{w}_i\geqslant q\}\mathrm{d}q$ 。若 $\widetilde{w}_i$ 的隶属度函数为 $\mu_i$ ，则

$$E[\widetilde{w}_i]=\int_0^{+\infty}\frac{1}{2}(\sup_{x\geqslant q}\mu_i(x)+1-\sup_{x<q}\mu_i(x))\mathrm{d}q \tag{9.6}$$

因此，下面给出模糊随机室外温度的期望值的计算公式。

设室外温度 $\widetilde{W}$ 为式(9.5)所示的模糊随机变量，$\widetilde{w}_i$ 的隶属度函数为 $\widetilde{\mu}_i$ ，如果 $P\{\omega'_i\}=p'_i$ ，$0\leqslant p'_i\leqslant 1$，$\sum\limits_{i=1}^{n} p'_i=1$，则 $\widetilde{W}$ 的期望值为

$$E[\widetilde{W}]=\sum_{i=1}^{n}E[\widetilde{w}_i]p_i \tag{9.7}$$

式中，$E[\widetilde{w}_i]$ 的计算公式为式(9.6)。

式(9.5)定义的模糊随机室外温度可看成最简单形式的模糊随机变量。模糊随机室外温度也可以刻画为其他模糊随机变量形式。

## 9.3 模型的建立

基站设备密集，设备运行起来发热量高。室内温度及室外温度的不确定给企业造成了高额的耗电成本。

造成耗电费用高的原因很多，除了室内温度和室外温度的不确定因素外，还有一个原因是没有一个合适的空调系统控制温度的决策模型。在不确定的环境下，企业面临的问题是，如何在满足基站设备正常运行的基础上，决策最优空调系统的

控制温度值，使耗电总费用最小？

为了表述问题方便，这里列出如下符号。

$T$：以周为单位的周期(控制温度保持相对稳定的时间段)；

$\tilde{R}_i$：第$i$周的模糊随机室内温度($\tilde{R}$为一个周期$T$内的模糊随机室内温度)；

$\tilde{W}_i$：第$i$周的模糊随机室外温度；

$\tilde{C}$：一个周期内的总费用(电费)；

$c_1$：单位室内温度的变化引起的耗电量导致的电费(室内温度每降低1kW·h的节电量)；

$c_2$：单位室外温度的变化引起的耗电量导致的电费(室外温度每降低1kW·h的节电量)；

$c_3$：单位控制温度的变化引起的耗电量导致的电费；

$B_1$：每周期最大的资金约束；

$B_2$：最高的温度值；

$h_1$：理想温度区间的最低值(当室内温度低于室内理想温度时，启动空调)；

$h_2$：理想温度区间的最高值(当室内温度超过室内理想温度时，启动空调控制温度值)；

$T_C$：空调系统的控制温度值($T_C$为空调系统的设置温度值，即控制温度)。

在模糊随机环境下，设室内温度向量$\tilde{R}=(\tilde{R}_1,\cdots,\tilde{R}_i,\cdots,\tilde{R}_N)$，$i\in\{1,2,\cdots,N\}$，表示历史(如上一年)某一节点室内温度及该节点之后$N$周每周的室内温度值。$\tilde{R}_i$表示第$i$周的室内温度，为模糊随机向量，其值只有在周期末才能完全确定。

一个周期内预期的室外温度值为$\tilde{W}$。$\tilde{W}$为模糊随机变量，易知在$[T_0,T+T_0]$时间内，$T$时段内的总费用(电费)为$\tilde{C}(T_C)$。因此，$[T_0,T+T_0]$时间内总费用公式为$[T_0,T+T_0]$时间内总费用=(室内温度－理想温度最低值)×单位室内温度的变化引起的耗电量导致的费用+(室外温度－理想温度最低值)×单位室外温度的变化引起的耗电量导致的费用+(控制温度－理想温度最低值)×单位控制温度的变化引起的耗电量导致的电费，即

$$\tilde{C}(T_C)=|\tilde{R}-h_1|c_1+|\tilde{W}-h_1|c_2+|T_C-h_1|c_3$$

因为$\tilde{R}$、$\tilde{W}$为模糊随机变量，所以$\tilde{C}(T_C)$为模糊随机变量，不能直接对其进行极小化处理。因此，$\tilde{C}(T_C)$的期望值为

$$E[\tilde{C}(T_C)]=|E[\tilde{R}]-h_1|c_1+|E[\tilde{W}]-h_1|c_2+|T_C-h_1|c_3 \tag{9.8}$$

决策的目的是寻找最优控制温度值 $T_C$，使耗电费用期望值达到极小。因此，目标函数为

$$\min_{T_C} E[\tilde{C}] \tag{9.9}$$

假设 $B_1$ 为每周期最大的资金约束。如果决策者希望耗电费用不超过可得到的每周期成本之和，则关于资金预算的约束为

$$|E[\tilde{R}]-h_1|c_1+|E[\tilde{W}]-h_1|c_2+|T_C-h_1|c_3 \leqslant B_1 \tag{9.10}$$

考虑到如果将室内温度降低过多会带来巨大的耗电量，将温度降到理想温度就可以了，则关于室内温度的约束为

$$E[\tilde{R}] \geqslant h_1 \tag{9.11}$$

若将室内温度降到理想温度 $h_2$ 以下即可，则关于室内温度的约束为

$$E[\tilde{R}] \leqslant h_2 \tag{9.12}$$

当室外温度达到极端温度 $B_2$（如 40℃）时，会采取特殊的处理措施，则关于室外温度的约束为

$$E[\tilde{W}] \leqslant B_2$$

通信基站内设备密集，设备工作起来发热量大，即使在寒冷的冬季，如果不用空调制冷，室内温度也在 10℃以上。为了保护设备，通常将空调系统的控制温度设在 28℃以下。关于决策变量的非负约束为

$$T_C \geqslant 10, \quad T_C \leqslant 28 \tag{9.13}$$

因此，可构造下列模糊随机期望值模型：

$$\min_{T_C} E[\tilde{C}]$$
$$\text{s.t.}\begin{cases}|E[\tilde{R}]-h_1|c_1+|E[\tilde{W}]-h_1|c_2+|T_C-h_1|c_3 \leqslant B_1\\ E[\tilde{R}] \geqslant h_1\\ E[\tilde{R}] \leqslant h_2\\ E[\tilde{W}] \leqslant B_2\\ T_C \geqslant 10\\ T_C \leqslant 28\end{cases} \tag{9.14}$$

## 9.4　简单模型的求解及企业实例分析

以通信基站温度为对象进行仿真研究。当式(9.2)定义的模糊随机室内温度

中的 $\widetilde{r}_1,\widetilde{r}_2,\cdots,\widetilde{r}_n$ 为三角模糊变量、梯形模糊变量或正态模糊变量等简单模糊变量，且随机情形发生的概率为已知固定值时，可以得出模型的解析解。下面通过算例说明得出解析解的过程。

对某基站每间隔 30min 采集室内温度、室外温度、控制温度数据一次，从 2015 年全年数据中取 1 周连续 7 天的数据，这些数据作为模型的输入数据，以确定最优成本下的下一步控制温度值。

以某基站为例，假设估计的一个周期内的总室内温度为

$$\widetilde{R}(\omega)=\begin{cases}\widetilde{r}_1, & \omega_1(\text{室内温度比预计的室内温度值低})\text{，发生概率 } p_1\\ \widetilde{r}_2, & \omega_2(\text{室内温度与预计的室内温度值相近})\text{，发生概率 } p_2\\ \widetilde{r}_3, & \omega_3(\text{室内温度比预计的室内温度值高})\text{，发生概率 } p_3\end{cases}$$

式中，$\widetilde{r}_1$、$\widetilde{r}_2$ 和 $\widetilde{r}_3$ 为三角模糊变量，分别为 (30,31,32) 、(32,34,36) 和 (16,17,18) ; $p_1$、$p_2$ 和 $p_3$ 分别为 0.1、0.6、0.3。

假设室外温度为

$$\widetilde{W}(\omega')=\begin{cases}\widetilde{w}_1, & \text{天气温度稳定}(\omega'_1)\text{，发生概率 } p'_1\\ \widetilde{w}_2, & \text{天气温度骤降}(\omega'_2)\text{，发生概率 } p'_2\\ \widetilde{w}_3, & \text{天气温度骤升}(\omega'_3)\text{，发生概率 } p'_3\end{cases}$$

式中，$\widetilde{w}_1$、$\widetilde{w}_2$ 和 $\widetilde{w}_3$ 分别为(27,28,29)、(26,29,30)和(30,32,34)； $p'_1$、$p'_2$ 和 $p'_3$ 分别为 0.2、0.7、0.1。设其他参数如表 9.1 所示。

**表 9.1　参数值**

| 参数 | $h_1$ | $h_2$ | $c_1$ | $c_2$ | $c_3$ | $B_1$ | $B_2$ |
|---|---|---|---|---|---|---|---|
| 参数值 | 28 | 40 | 2 | 1 | 3 | 20 | 40 |

由于 $\widetilde{r}_1$、$\widetilde{r}_2$ 和 $\widetilde{r}_3$ 为特殊形式的模糊变量，根据式(9.3)容易计算出 $E[\widetilde{R}]$ 的值，$E[\widetilde{R}]$ 为一个周期内的总室内温度的期望值：

$$\begin{aligned}E[\widetilde{R}]&=\sum_{i=1}^{3}E[\widetilde{r}_i]p_i\\&=\frac{30+2\times31+32}{4}\times0.1+\frac{32+2\times34+36}{4}\times0.6+\frac{36+2\times37+38}{4}\times0.3\\&=34.6\end{aligned}$$

同理,可得

$$E[\widetilde{W}]=\sum_{i=1}^{3}E[\widetilde{w}_i]p'_i$$
$$=\frac{27+2\times 28+29}{4}\times 0.2+\frac{26+2\times 29+30}{4}\times 0.7+\frac{30+2\times 32+34}{4}\times 0.1$$
$$=28.75$$

将 $E[\widetilde{R}]$ 、$E[\widetilde{W}]$ 、$h_1$、$h_2$、$c_1$、$c_2$、$c_3$、$B_1$ 和 $B_2$ 的值代入式(9.14),由约束很容易得 $T_C$ 的范围为 $25.98\leqslant T_C\leqslant 28$,再根据目标函数容易得最优解 $T_C^*=28$。一个周期的耗电总费用 $\widetilde{C}(T_C^*)$ 的期望值为

$$E[\widetilde{C}(T_C^*)]=13.95$$

因此,实际控制温度值 $T_C^*$ 为 28,最优耗电费用期望值为 13.95。

## 9.5 复杂模型的求解及企业实例分析

当模糊随机室内温度中的 $\widetilde{r}_1,\widetilde{r}_2,\cdots,\widetilde{r}_n$ 为三角模糊变量、梯形模糊变量或正态模糊变量等简单模糊变量时,期望值很容易由定义计算。然而,当 $\widetilde{r}_1,\widetilde{r}_2,\cdots,\widetilde{r}_n$ 的隶属度函数过于复杂,期望值很难计算,并且随机天气气温情形因素服从某种概率分布时,难以用解析方法求解该复杂模型。这时可利用模糊随机模拟与智能算法相结合的办法求解。

遗传算法是通过模拟自然进化过程搜索最优解的方法。在解决复杂的全局优化问题方面,遗传算法是一个有利的工具。Liu[54]在 2002 年研究了基于遗传算法的模糊模拟技术。为了求解模糊随机温度的耗电量模型这一复杂模型,本章在遗传算法中嵌入模糊随机模拟,利用模糊随机模拟估计模糊随机室内温度期望值 $E[\widetilde{R}]$ 和期望室外温度 $E[\widetilde{W}]$ 的值以检验约束的可行性,估计目标函数 $E[\widetilde{C}(T_C)]$ 的值以使用遗传算法得出最好的染色体作为最优解。

若参数 $\widetilde{r}_i$ 的隶属度函数过于复杂,期望值很难计算,则要利用模糊模拟来估计其期望值[59,105]。估计 $E[\widetilde{C}]$ 的具体步骤如下。首先需要估计 $E[\widetilde{R}]$ 。

(1)令 $e=0$。

(2)根据随机气温情形因素 $\omega$ 的概率分布 $P\{\omega_i\}=p_i$ ,随机抽取 $\omega_i\in\Omega=\{\omega_1,\omega_2,\cdots\omega_M\}$ ,得到 $\widetilde{R}(\omega_i)=\widetilde{r}_i$ 。

(3)利用计算机模糊随机模拟技术计算模糊室内温度期望值 $E[\widetilde{r}_i]$ 。具体步骤如下。

① 令 $k=0$。

② 利用计算机随机数产生技术产生随机数 $l$，其服从均匀分布[0,1]，令

$$Q=a_i+l(c_i-a_i)$$

③ 置 $k=k+\frac{1}{2}(\sup_{x\geqslant Q}\mu_i(x)+1-\sup_{x\leqslant Q}\mu_i(x))$ 。

④ 重复步骤②～③$N$ 次，最后得

$$E[\tilde{r}_i]=a_i+\frac{l(c_i-a_i)}{N}$$

(4)置 $e=e+E[\tilde{r}_i]$ 。

(5)重复步骤(2)～(4)共 $M$ 次，最后得到 $E[\tilde{R}]=e/M$ 。

同理，可得到 $E[\tilde{W}]$ 的值。

计算出 $E[\tilde{R}]$ 和 $E[\tilde{W}]$ 的值后，根据式(9.8)，很容易计算得到 $E[\tilde{C}(T_C)]$ 的值。

本章设计了遗传算法和模糊随机模拟相结合的方法来搜索模型的最优解。利用模糊随机模拟检验约束的可行性并计算目标函数值。求解模型的算法描述如下。

(1)初始产生 pop_size 个可行的染色体 $Q_1,Q_2,\cdots,Q_{\text{pop\_size}}$ 。使用模糊随机模拟的方法估计不等式约束中 $E[\tilde{R}]$ 、$E[\tilde{W}]$ 和 $E[\tilde{C}(T_C)]$ 的值。

(2)通过模糊随机模拟估计所有染色体的 $E[\tilde{R}]$ 和 $E[\tilde{W}]$ 的值，进而得到目标函数值 $E[\tilde{C}(T_C)]$ 。

(3)按照目标函数值对染色体进行排序，计算染色体基于序的评价函数的值，得到每个染色体的适应度。基于序的评价函数为 $\text{eval}(Q_i)=a(1-a)^{i-1}$ ，$\alpha\in(0,1)$，$i=1,2,\cdots,\text{pop\_size}$。累积概率 $q_i$ 为

$$\begin{cases}q_0=0\\ q_i=\sum_{j=1}^{i}\text{eval}(Q_j),\quad i=1,2,\cdots,\text{pop\_size}\end{cases}$$

(4)通过旋转赌轮选择染色体。

(5)通过交叉和变异操作更新染色体，并检验子代染色体的可行性。本例中，交叉概率设为 0.3，变异概率设为 0.2。

(6)重复步骤(2)～(5)直到完成给定的循环次数。

(7)将最好的染色体作为最优解。

较为详细的模型求解过程如图 9.1 所示。

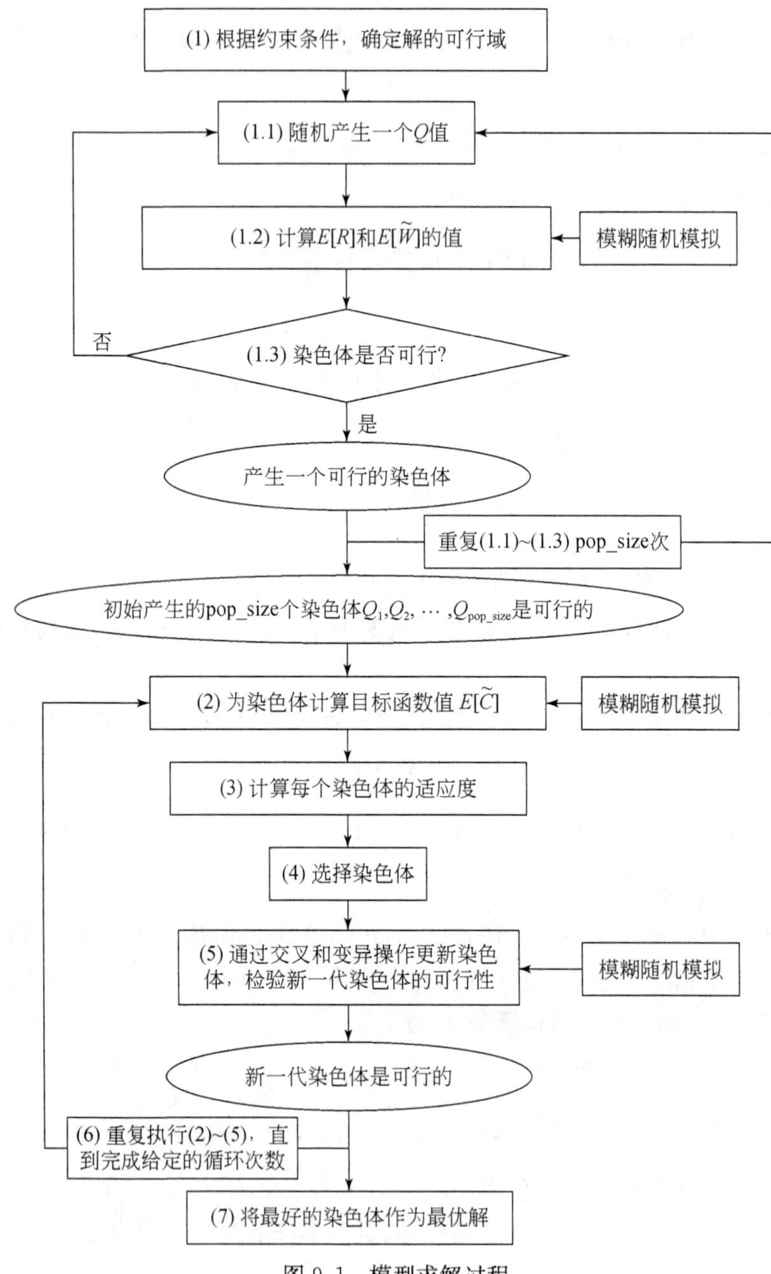
(1) 根据约束条件，确定解的可行域
(1.1) 随机产生一个Q值
(1.2) 计算E[R]和E[W̃]的值
模糊随机模拟
否
(1.3) 染色体是否可行?
是
产生一个可行的染色体
重复(1.1)~(1.3) pop_size次
初始产生的pop_size个染色体Q1,Q2, … ,Qpop_size是可行的
(2) 为染色体计算目标函数值 E[C̃]
模糊随机模拟
(3) 计算每个染色体的适应度
(4) 选择染色体
(5) 通过交叉和变异操作更新染色体，检验新一代染色体的可行性
模糊随机模拟
新一代染色体是可行的
(6) 重复执行(2)~(5)，直到完成给定的循环次数
(7) 将最好的染色体作为最优解

图 9.1　模型求解过程

如果估计的一个周期内总室内温度为 $\widetilde{R}=(\rho_1-k_1,\rho_1,\rho_1+k_2)$，其中，$k_1$ 、$k_2$ 为已知正数，$\rho_1$ 为正态随机变量，记为 $\rho_1\sim\widetilde{N}(a,\sigma^2)$ ，$\rho_1$ 的概率密度函数为 $f(x)=\frac{1}{\sigma\sqrt{2\pi}}\mathrm{e}^{-\frac{(x-a)^2}{2\sigma^2}}$，$-\infty<x<+\infty$，$a$ 和 $\sigma$ 的值已知。模糊随机室外温度为 $\widetilde{W}=(\rho_2-k_3,\rho_2,\rho_2+k_4)$，其中，随机变量 $\rho_2\sim\exp(k_5)$ 、$k_3$ 、$k_4$ 和 $k_5$ 为已知正数，$\rho_2$ 的概率密度函数为 $f(x)=\begin{cases}\frac{1}{\beta}\mathrm{e}^{-x/\beta}, & 0\leqslant x<+\infty\\ 0, & \text{其他}\end{cases}$，$\rho_2$ 的均值和方差为已知数。设其他参数如表 9.1 所示。

易知，模糊随机室内温度的期望值 $E[\widetilde{R}(\omega)]=E\left[\frac{\rho_1-k_1+2\rho_1+\rho_1+k_2}{4}\right]$。模糊随机室外温度的期望值 $E[\widetilde{W}(\omega')]=E\left[\frac{\rho_2+k_3+2\rho_2+\rho_2+k_4}{4}\right]$。利用以上提出的算法可得最优解为 $T_{\mathrm{C}}^*$ 及最优耗电费用期望值。

根据原始数据资料，实际运行结果及仿真结果表明这种方法能节约费用。

温度与耗电量两者之间存在着较强的相关性，节省耗电量不能脱离其温度环境。空调系统温度控制的调节过程具有较大的不确定性。空调系统还是一个非线性系统，输入和输出之间很难用一定的数学模型进行描述。本章提出了模糊随机能耗控制方法，实现了节能的温度控制。

值得说明的是，在数据可得的情况下，应重视对气象因素的分析。气象的变化会对温度控制产生一定的影响。首先，应对历史天气变化情况展开全面的分析，并应用到温度控制工作中。应对每年不同阶段、不同时期气象与温度控制进行分析，例如，应不断收集相关气象材料，对冬季和夏季温度变化进行分析，对不同季节的晴天、雨天、大雪天气等信息进行分析，并将这些历史信息进行归档和分析，以此来发现气象变化的规律，更准确地得出室内温度与室外温度的表示，将能更准确地控制温度，节省能耗。基于模糊随机变量建模得到的结果与实际情况接近，从而为节能提供了一种新的思路和方法。

# 第10章 节能方案的选择

节能需要科学的分析与决策。基站机房内有大量的交换设备和传输核心设备。设备分布密集,常年运行发热量高,任何季节都必须使用空调系统散热。通信基站无人值守,很多情况下,不能有针对性地对空调系统采取节能措施,耗电量居高不下。为此,构建能耗管理信息平台,进行耗电量数据与相关环境数据的实时采集、监测及分析。为达到对无人值守情形下空调制冷耗电的动态控制,需根据不同时期的情况选择不同的节电方案,优化节电措施,提升管理水平[106]。

耗电量的控制过程具有较大的不确定性,控制过程很大程度上依赖个人的经验。基站采取的一般策略是,根据长期实践经验,针对不同条件和背景确定耗电设备的控制规则及节能方案,以进行节能控制。在这种情形下,管理者往往需要决策最终选择这些节能方案中的哪一种方案,才能使节电率最大,实现节能降耗。在目标函数和决策变量为确定值的情况下,使用线性规划。当现实问题的目标函数和决策变量不清晰,为模糊值时,可考虑模糊线性规划模型。在约束条件可能带有弹性时,也可考虑模糊线性规划模型[106]。

当对多个方案进行优劣性的评价时,决策问题给出的各项目标通常是模糊的,约束条件带有伸缩性(模糊约束),针对确定耗电设备的控制规则及节能方案,寻求最佳解决方案。对于这类问题,可以运用模糊线性规划理论对几种可选方案中最优方案的决策进行计算。

本章提出不确定环境下节电方案的选择方法:在模糊规划模型理论的指导下,筛选出不同条件下的几种合理的通信基站温度控制策略;用实验的方法得出每种方案的节电率(收益率)和耗电率(损失率);应用模糊线性规划理论决策寻求最佳解决方案,使节电率最大;最后,通过能耗管理信息平台执行节能控制策略。系统整体架构如图10.1所示。

## 10.1 节能方案的形成

使用统计分析软件和数据挖掘工具分析历史数据,得到与用电量有关的因素如图4.17所示。

根据回归分析结果,耗电量与控制温度、室内温度以及室外温度相关。根据数

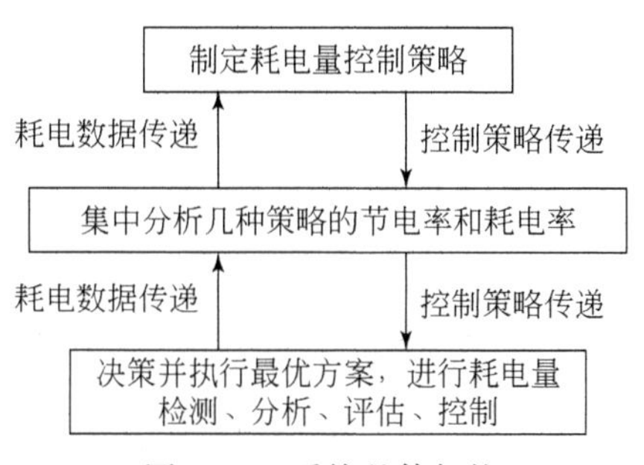


图 10.1　系统整体架构

据挖掘的结果和工作经验设置新风/空调系统的规则，具体涉及与用电量有关的几种影响因素值的设置，即随环境变化的室外温度、室内温度、室内控制温度上限、室内控制温度下限、各种冷源设备的切换温度及各种冷源设备的运行时间等。

不确定环境下，确定安装的节能系统设定的各种切换温度，从而形成几种节能实施方案。例如，几种合理、可能的阈值设置如下。

(1)固定室外温度检测时间、室内温度检测时间和降挡延时时间分别为 30min、3min、室外 1h 室内 3min 时，并且在低速风机启停切换温度、高低速风机切换温度、空调与新风模式切换温度、空调台数切换温度分别为 15℃、20℃、26℃、30℃时做实验，采集用电量数据。

(2)固定室外温度检测时间、室内温度检测时间和降挡延时时间分别为 30min、3min、室外 1h 室内 3min 时，变化低速风机启停切换温度、高低速风机切换温度、空调与新风模式切换温度、空调台数切换温度中的某项值，如将空调与新风模式切换温度由 26℃改变为 27℃、28℃、25℃、24℃时，得到用电量。

(3)固定各种切换温度，变化室外温度检测时间、室内温度检测时间和降挡延时时间，得到用电量。

据此，设计 $n$ 种节能实施方案，分别记为$A_1, A_2, \cdots, A_n$。用实验的方法得出每种方案的节电率(收益率)和耗电率(损失率)。

节能实践中，经常遇到的情景是：若干个可行性方案制订出来后，接着分析具体情况，大部分条件是已知的，但还存在一定的不确定因素，如室内温度、室外温度是不确定变量。各种方案执行结果的出现有一定的概率，因此需要建立不确定决策模型。模型的决策变量为各种方案的权重，决策的目标是最大化节电率。得出模型解后，选择权重最大的方案，作为不确定环境下的节能控制决策。模型的最优解即系统输出最佳节电状态时的冷源设备的行为。建模的目的是最大限度地挖掘节能潜力，同时尽量延长设备寿命。

## 10.2 节能方案选择的模糊线性规划模型

在实际耗电量的控制问题中，约束条件可能带有弹性，方案选择具有模糊不确定性，必须借助模糊线性规划的方法来进行最优方案的选择。模糊线性规划是将约束条件和目标函数模糊化，引入隶属度函数，从而导出一个新的规划问题，它的最优解称为原问题的模糊最优解。

普通线性规划的目标函数系数清晰、约束条件中的关系确定，这对解决一些目标明确、关系确定的问题非常有效，但当面对系数模糊、非确定性关系的问题时，它就显得无能为力了。模糊线性规划问题的本质是特殊的约束条件下的最大值和最小值问题。在伸缩指标允许的范围内，适当放松限制可以提高收益。模糊线性规划将线性约束的边界模糊化，从而使人们能在较宽松的条件下求得优化的条件与优化的极值。

模糊线性规划的一般形式为[107]

$$\max f = Cx$$
$$\text{s.t.}\begin{cases} Ax \lesssim b \\ x \geqslant 0 \end{cases} \tag{10.1}$$

式中，$f$ 为目标函数，通常是方案选择问题要优化的目标数学表达式；"$\lesssim$"表示弹性约束，表示模糊情形。决策变量 $x_1, x_2, \cdots, x_n$ 的值称为一个解，满足所有约束的解决方案称为可行的解决方案。

在几种节能方案中，预计将拥有资金的 $b_1\% \pm d_1\%$ 作为正常费用保障之外的不可预见费用的承受能力，正常费用用于 $n$ 种方案($A_1, A_2, \cdots, A_n$)之一。

机器设备的节电率(收益率)和耗电率(损失率)如表 10.1 所示。

**表 10.1 节电率(收益率)与耗电率(损失率)**

| 方案 | $A_1$ | $A_2$ | … | $A_n$ |
|---|---|---|---|---|
| 节电率(收益率)/% | $c_1$ | $c_2$ | … | $c_n$ |
| 耗电率(损失率)/% | $a_{11}$ | $a_{12}$ | … | $a_{1n}$ |

要求把耗电率(损失率)限制为大约 $b_1\%$，最大不超过 $d_1\%$。$f$ 为收益，即节电率，模型的决策目标是最大化节电率。建立基站节电方案选择的模糊线性规划模型。

设采用方案 $A_1$ 的权重为 $x_1\%$，采用方案 $A_n$ 的权重为 $x_n\%$；企业计划允许的金额为 $b_2\% \pm d_2\%$，$b_2$ 为节能要求下的正常用电费用预算(占总用电费用预算的比例)(除去不可预见的用电费用,剩下的就是正常用电费用),伸缩指标为 $d_2$ 。约束方案 $A_i$ 的耗电率(损失率)为 $b_1$ ,伸缩指标为 $d_1$ ,$b_i(i=2,3,\cdots,m)$和 $d_i(i=2,3,\cdots,m)$表示约束条件下的其他约束范围。

该问题适合用模糊线性规划方法解决。模糊线性规划的一般形式为

$$\max f=c_1x_1+c_2x_2+\cdots+c_nx_n$$

$$\text{s. t.}\begin{cases}a_{11}x_1+a_{12}x_2+\cdots+a_{1n}x_n\lesseqgtr b_1\\a_{21}x_1+a_{22}x_2+\cdots+a_{2n}x_n\lesseqgtr b_2\\\vdots\\a_{m1}x_1+a_{m2}x_2+\cdots+a_{mn}x_n\lesseqgtr b_m\\x_1,x_2,\cdots,x_n\geqslant 0\end{cases}\tag{10.2}$$

式中,$c_j(j=1,2,\cdots,n)$ 表示节电率(收益率)的权重;$a_{ij}(i=1,2,\cdots,m;j=1,2,\cdots,n)$ 表示耗电率(损失率)的权重,以及其他约束条件的权重;$b_i(i=1,2,\cdots,m)$ 表示约束变量,即约束条件规定下的约束范围;$x_i(i=1,2,\cdots,n)$ 表示决策变量。

## 10.3　模糊线性规划模型的求解

首先,将弹性约束转化成模糊约束。将 $m$ 个通过"$\lesseqgtr$"表示的约束条件改写成 $m$ 个模糊集 $D_i(i=1,2,\cdots,m)$ ,得到模糊约束集的隶属度函数为

$$D(x)=D_i(\sum_{j=1}^{n}a_{ij}x_j)=\begin{cases}1, & \sum_{j=1}^{n}a_{ij}x_j\leqslant b_i\\1-\dfrac{1}{d_i}(\sum_{j=1}^{n}a_{ij}x_j-b_i), & b_i<\sum_{j=1}^{n}a_{ij}x_j\leqslant b_i+d_i\\0, & \sum_{j=1}^{n}a_{ij}x_j>b_i+d_i\end{cases}$$

式中,$d_i\geqslant 0(i=1,2,\cdots,m)$是对应第 $i$ 个模糊约束条件的模糊集 $D_i$ 的伸缩指标,当 $d_i=0(i=1,2,\cdots,m)$ 时,$D$ 退化为普通约束集 $D$,模糊约束条件中的"$\lesseqgtr$"退化为"$\leqslant$"。

然后,用单纯形算法求解模糊线性规划。先求解与模糊线性规划相应的普通线性规划问题,求得模糊约束集与模糊目标集交集的最优隶属度,将此最优隶属度代入最优单纯形表中,即可求得模糊线性规划的解[108]。

约束的弹性必然导致目标的弹性,为了求出目标函数 $f$ 在弹性(模糊)约束下的最优解,还应将目标值模糊化。

为了将目标函数模糊化，先求解当约束条件不伸缩和伸缩到最大限度时退化成的两个普通线性规划问题：

$$\max f=c_1x_1+c_2x_2+\cdots+c_nx_n$$
$$\text{s.t.}\begin{cases}a_{11}x_1+a_{12}x_2+\cdots+a_{1n}x_n\leqslant b_1\\a_{21}x_1+a_{22}x_2+\cdots+a_{2n}x_n\leqslant b_2\\\vdots\\a_{m1}x_1+a_{m2}x_2+\cdots+a_{mn}x_n\leqslant b_m\\x_1,x_2,\cdots,x_n\geqslant 0\end{cases}\tag{10.3}$$

以及

$$\max f=c_1x_1+c_2x_2+\cdots+c_nx_n$$
$$\text{s.t.}\begin{cases}a_{11}x_1+a_{12}x_2+\cdots+a_{1n}x_n\leqslant b_1+d_1\\a_{21}x_1+a_{22}x_2+\cdots+a_{2n}x_n\leqslant b_2+d_2\\\vdots\\a_{m1}x_1+a_{m2}x_2+\cdots+a_{mn}x_n\leqslant b_m+d_m\\x_1,x_2,\cdots,x_n\geqslant 0\end{cases}\tag{10.4}$$

式中，$d=(d_1,d_2,\cdots,d_m)^{\mathrm{T}}$ 为伸缩指标向量。

设 $f_0$ 是式(10.3)的最优值，$f_1$ 是式(10.4)的最优值。于是，目标函数的弹性可表示为 $f_0\leqslant f=\sum_{j=1}^{n}c_jx_j\leqslant f_1$，为此构建模糊目标集 $G(x)$。

若 $f_0<f<f_0+d_0$，则模糊目标集的隶属度函数为

$$G(x)=g\left(\sum_{j=1}^{n}c_jx_j\right)=\begin{cases}0, & \sum_{j=1}^{n}c_jx_j\leqslant f_0\\\frac{1}{d_0}\left(\sum_{j=1}^{n}c_jx_j-f_0\right), & f_0<\sum_{j=1}^{n}c_jx_j\leqslant f_0+d_0\\1, & \sum_{j=1}^{n}c_jx_j>f_0+d_0\end{cases}$$

为了兼顾目标与约束，可采用模糊决策 $D_F=D\cap G$，最佳决策为 $x^*$。$x^*$ 满足

$$D_F(x^*)=\max D_F(x)=\max(D(x)\wedge G(x))$$

若令 $D(x)=D_1(x)\wedge D_2(x)\wedge\cdots\wedge D_m(x)=1-\lambda$，引入参数 $\lambda(0\leqslant\lambda\leqslant 1)$后，式(10.4)转化为相应的普通线性规划问题：

$$\max f=c_1x_1+c_2x_2+\cdots+c_nx_n$$

$$
\text{s.t.}\begin{cases}
a_{11}x_1+a_{12}x_2+\cdots+a_{1n}x_n\leqslant b_1+d_1\lambda\\
a_{21}x_1+a_{22}x_2+\cdots+a_{2n}x_n\leqslant b_2+d_2\lambda\\
\qquad\qquad\vdots\\
a_{m1}x_1+a_{m2}x_2+\cdots+a_{mn}x_n\leqslant b_m+d_m\lambda\\
x_1,x_2,\cdots,x_n\geqslant 0
\end{cases}
\tag{10.5}
$$

显然，若式(10.5)有最优解，则其最优解的取值会随着 $\lambda$ 的变动而变动。于是，对于式(10.5)，求解过程如下。

(1)引入松弛变量，列出初始单纯形表，寻找初始基可行解。

在约束条件中引入松弛变量 $x'=(x_{n+1},x_{n+2},\cdots,x_{n+m})\geqslant 0$，可以构建一张如表 10.2 所示的初始迭代表。

**表 10.2　初始迭代表**

| $x$ | $b$ | $\lambda$ | $x$ | $x'$ |
|---|---|---|---|---|
| $x'$ | $b$ | $d$ | $A$ | $I$ |
| $e$ | | | $-c$ | 0 |

在初始迭代表中，$b$ 表示约束条件不伸缩时的约束定量；$d$ 表示约束条件的伸缩指标；$A$ 表示约束函数中决策变量系数组成的矩阵；$I$ 表示所有约束函数中松弛变量系数组成的矩阵；$e$ 表示计算过程中检验数 $\sigma$ 的取值；$c$ 表示目标函数中对应的系数。

(2)最优性检验、基变换、线性变换。

这里，假设 $x'=b$，$x=0$ 不是式(10.5)的最优解，可以按照单纯形法的迭代方法对 $\lambda=0$ 的情形进行行旋转变换。

重复上述步骤，如果式(10.5)存在最优解，则最后一定可以得到一张最优的单纯形表，具体如表 10.3 所示。

**表 10.3　最优单纯形表**

| $x$ | $b$ | $\lambda$ | $x_B^*$ | $x_N^*$ |
|---|---|---|---|---|
| $x_B^*$ | $b^*$ | $d^*$ | $B^*$ | $N^*$ |
| $e$ | | | 0 | $e_N^*$ |

在表 10.3 中，$x_B^*$ 为线性规划问题的最优解；$x_N^*$ 为非基变量；$e_N^*$ 为非基变量的检验数；$e_N^*\leqslant 0$。设 $c_B^*$ 是与最优基变量 $x_B^*$ 对应的目标函数价值系数行向量。当 $\lambda=0$ 时，得到式(10.3)的约束条件不伸缩时普通线性规划问题的最优解 $x_B^*=b^*$，$x_N^*=0$ 及最优值 $f_0=c_B^*b^*$；当 $\lambda=1$ 时，得到式(10.3)的约束条件伸缩到最

大限度时普通线性规划问题的最优解 $x_B^* = b^* + d^*$ ，$x_N^* = 0$ 及最优值 $f'_0 = c_B^*(b^* + d^*)$；一般地，当 $0<\lambda<1$ 时，式(10.5)的最优解为：$x_B^* = b^* + \lambda d^*$ ，$x_N^* = 0$。

此时，$D(x^*)=1-\lambda$ ，$G(x^*)=\frac{1}{d_0}[c_B^*(b^*+\lambda d^*)-f_0]$ ，其中，$x^* = \begin{bmatrix} x_B^* \\ x_N^* \end{bmatrix} = \begin{bmatrix} b^* + \lambda d^* \\ 0 \end{bmatrix}$ ，$d_0 = f'_0 - f_0$。

令 $D(x^*)=G(x^*)$，可以求得参数 $\lambda^*$ 的一个取值为

$$\lambda^* = \frac{d_0}{d_0 + c_B^* d^*} \tag{10.6}$$

由式(10.6)求得的 $1-\lambda$ 的取值 $1-\lambda^*$ 是线性规划问题(10.5)的最优值。相应地，$x^* = \begin{bmatrix} x_B^* \\ x_N^* \end{bmatrix} = \begin{bmatrix} b^* + \lambda d^* \\ 0 \end{bmatrix}$ 是模糊线性规划问题(10.5)的最优解[109~111]。

## 10.4 节能方案选择的实例

假设设计了三种新风/空调系统的控制规则，对应方案 $A_1$ 、$A_2$ 、$A_3$ 。在几种节能方案中，预计将拥有资金的 20%±3%作为正常费用保障之外的不可预见费用的承受能力，正常费用用于三种方案( $A_1$ 、$A_2$ 、$A_3$ )之一。要求把耗电率(损失率)限制在大约 3%内，最大不超过 5%。机器设备的节电率(收益率)和耗电率(损失率)如表 10.4 所示。

**表 10.4 实例的节电率(收益率)与耗电率(损失率)**

| 方案 | $A_1$ | $A_2$ | $A_3$ |
| --- | --- | --- | --- |
| 节电率(收益率)/% | 5 | 20 | 40 |
| 耗电率(损失率)/% | 3 | 8 | 18 |

表 10.4 中，$A_1$ 、$A_2$ 、$A_3$ 分别表示节省耗电量的三种方案。其中，$A_1$ 的节电率(收益率)为 5%，耗电率(损失率)为 3%；$A_2$ 的节电率(收益率)为 20%，耗电率(损失率)为 8%；$A_3$ 的节电率(收益率)为 40%，耗电率(损失率)为 18%。

设采用方案 $A_1$ 的权重为 $x_1$ %，采用方案 $A_n$ 的权重为 $x_n$ %($n$=1,2,3)。在这三种方案选择的决策中，节电率(收益率)对应一般式中的 $c_1$、$c_2$、$c_3$；耗电率(损失率)分别对应一般式中的 $a_{11}$ 、$a_{12}$ 、$a_{13}$ ；约束采用方案 $A_i$ 的耗电率(损失率)对应一般式中的 $b_1$，伸缩指标为 $d_1$ ，如伸缩指标为 2。设企业计划允许的金额为 $b_2$%+

$d_2\%$ 或 $b_2\%-d_2\%$，$b_2$ 为正常用电费用预算占总用电费用的比例(除去不可预见的用电费用,剩下的就是正常用电费用预算),伸缩指标为 $d_2$，如伸缩指标为 3。

若将耗电率(损失率)限制在大约 3%内,最大不超过 5%,将相关数据代入模糊线性规划的一般形式,可得

$$\max f_1=0.05x_1+0.2x_2+0.4x_3$$
$$\text{s. t.}\begin{cases}0.03x_1+0.08x_2+0.18x_3\ \widetilde{\lessgtr}\ 3\\x_1+x_2+x_3\ \widetilde{\lessgtr}\ 80\\x_1,x_2,x_3\geqslant 0\end{cases}\tag{10.7}$$

首先,令 $D(x)=1-\lambda$,得到对应的参数线性规划问题如下:

$$\max f_1=0.05x_1+0.2x_2+0.4x_3$$
$$\text{s. t.}\begin{cases}0.03x_1+0.08x_2+0.18x_3\leqslant 3+2\lambda\\x_1+x_2+x_3\leqslant 80+3\lambda\\x_1,x_2,x_3\geqslant 0\\0\leqslant\lambda\leqslant 1\end{cases}$$

在约束条件中引入松弛变量 $x_4\geqslant0$，$x_5\geqslant0$ 后,得到相应的初始迭代表如表 10.5 所示。

**表 10.5　实例的初始迭代表**

| $x$ | $b$ | $\lambda$ | $x_1$ | $x_2$ | $x_3$ | $x_4$ | $x_5$ |
|---|---|---|---|---|---|---|---|
| $x_4$ | 3 | 2 | 0.03 | 0.08 | 0.18 | 1 | 0 |
| $x_5$ | 80 | 3 | 1 | 1 | 1 | 0 | 1 |
| $e$ | | | 0.05 | 0.2 | 0.4 | 0 | 0 |

然后,按照单纯形法的步骤进行迭代,可得到最优单纯形迭代表如表 10.6 所示。

**表 10.6　最优单纯形迭代表**

| $x$ | $b$ | $\lambda$ | $x_1$ | $x_2$ | $x_3$ | $x_4$ | $x_5$ |
|---|---|---|---|---|---|---|---|
| $x_2$ | 37.5 | 25 | 0.375 | 1 | 2.25 | 12.5 | 0 |
| $x_5$ | 42.5 | −22 | 0.625 | 0 | −1.25 | −12.5 | 1 |
| $e$ | | | −0.025 | 0 | −0.05 | −2.5 | 0 |

至此,当 $\lambda=0$ 时,得到式(10.6)约束条件不伸缩时普通线性规划问题的最优解 $x_B^*=(x_1,x_2,x_3)=(0,37.5,0)$，$x_N^*=(x_4,x_5)=(0,0)$,以及最优解 $f_0=7.5$。

当$\lambda=1$时，得到式(10.6)约束条件伸缩到最大限度时普通线性规划问题的最优解$x_B^*=(x_1,x_2,x_3)=(0,62.5,0)$，$x_N^*=(x_4,x_5)=(0,0)$，以及最优解$f_0=12.5$。于是，有$d_0=f'_0-f_0=5$。最后，根据式(10.6)求得参数$\lambda$的最优值：

$$\lambda^*=\frac{d_0}{d_0+c_B^*d^*}=\frac{1}{2}$$

将$\lambda=\frac{1}{2}$再代回到最优单纯形迭代表表10.6中，得到的解及对应的目标函数值分别为

$$x^*=(x_1^*,x_2^*,x_3^*)=(0,50,0)$$

$$f^*=10$$

基于上述模型通过计算可得到：采用方案$A_2$的百分率为50%，不采用其余的方案；节电率(收益率)和耗电率(损失率)分别为10%和4%。

最优方案确定后，各种冷源设备的切换温度及运行时间就确定了，中央控制器根据传感器采集的系统当前室内温度、当前室外温度、风量、风速及预先设定的空调控制温度等数据，利用分析结果，根据最优的设置新风/空调系统的规则，进行冷源设备的切换，调整并不断优化冷源设备切换的室内温度、室外温度阈值。

在决策时，为了追求低耗电率，使损失最小，需要对耗电率(损失率)进行限制，将耗电率(损失率)限制在一个较低的区间内。在决策过程中同时根据节电率(收益率)的大小进行调节，在规定的约束条件下求最大收益。本章应用模糊线性规划理论，建立了节能方案选择的模糊线性规划最优决策模型，并用单纯形法进行计算，从而决策了最优方案。通过对实例的研究分析，说明了该模型的实用性、有效性，从而为决策提供了准确的定量依据，提高了决策的准确性，减少了盲目性。

# 第11章　空调系统节能技术在其他领域中的应用

自哥本哈根世界气候大会和《京都议定书》生效之后，低碳发展日益受到各国政府和国民的关注。低碳已经从一个理论概念变成了世界经济未来的发展趋势。降低环境污染程度、提高资源利用效率，最终获得自身经济的增长与碳排放的降低已经成为企业在低碳环境下生存的前提与保证[112,113]。

目前，中国已经是全球温室气体排放量增长最快的国家之一，在总体排放量上也是仅次于美国的第二大经济实体。造成这种情况的原因主要是几十年来，以高能耗、高排放的加工制造业作为经济发展的支柱产业，同时不断增长的需求和逐渐增加的国民收入又带动和加大了对燃烧化石能源交通工具的使用与依赖[114]。除了高能耗、高排放的钢铁、煤炭、电力、化工等产业之外，在零售、餐饮、物流等产业也存在低碳发展的问题。

正在迅速崛起的冷链产业存在低碳发展的问题。随着经济的快速发展和居民生活水平的不断提高，以及农业结构的调整，我国生鲜农产品生产和消费逐年扩大，每年都呈正增长，特别是水果和奶类。据专家预测，未来10年，世界生鲜食品的消费量将占全部食品的60%以上。日益扩大的农产品市场给冷链产业带来了发展的良机，同时进入了多品种少批量冷链食品消费阶段。居民对农产品的多样化、新鲜度、营养价值和销售价格等多方面提出新要求。有严格的法律、法规和标准保障生鲜农产品的安全和质量，因此冷冻冷藏食品对农产品物流提出了新的、更高的要求。

我国在农、渔、牧等农副产品的冷藏、冷冻、物流等方面与发达国家相比差距很大。在我国的流通体系中，冷链物流的硬件设施陈旧、服务网络和信息系统不够健全、技术落后的现象普遍存在，存在能源消耗过大的问题。另外，由于对节能环保重视的程度不够，冷链流通领域中的能源消耗较大。然而，随着我国冷冻冷藏产品市场的不断扩大，冷链物流市场也逐步进入快速发展时期。据2016年的统计数据，美国的人口数量约为我国人口数量的23.4%，冷藏容量是我国的3.5倍；日本人口数量只有我国人口数量的9.2%，冷藏容量是我国的2倍。我国冷链市场有着巨大的缺口，冷冻冷藏行业的市场潜力很大，尤其是中低温冷冻冷藏发展前景广阔。因此，我国在节能方面面临巨大挑战。

冷链物流的末端（零售业）的能源消耗开支也相当大。零售业是碳排放量大户，中国连锁经营协会发布的全国零售企业耗电量调查结果显示，家电卖场、便利店、超市、大型超市和百货店五类零售业的全国全年耗电量超过300多亿kW·h。大型超市需要大量的空调、冷冻冷藏设备。据统计，我国大型百货店、超市等零售业能源消耗开支高达其总费用的40%左右，而大型超市空调与冷冻冷藏占了总耗电量的近80%，耗电量高。一家年销售额1.2亿元的大型超市，每年的电费为191万元[115]。零售企业一般全年无休，特别是为了营造愉悦的购物环境，空调要保证适宜的温度；为了保证食品安全，冷冻冷藏设备要保证365天不间断持续运转。物流节点企业空调、冷冻冷藏设备等主要部分的用电量累计起来，数额惊人。

耗电量与碳排放量成正比。据有关机构测算，节约1kW·h的电意味着节约了0.4kg标准煤、4L净水，减少污染排放约0.272kg炭粉尘、0.997kg二氧化碳、0.03kg二氧化硫、0.015kg氮氧化物。高新技术和先进管理是推动各国农产品冷链物流快速发展的有力手段。先进零售业正在建设低碳或零碳未来超市。通过节能降耗提高供应链效率和减少浪费，使超市实现更低的综合碳排放；国家推广的“农超对接”等项目，直接采购减少了中间环节，不仅提供更低综合碳排放的农产品，还降低了10%～20%的销售价格[116]。

要节能减耗，就要建设低碳供应链。供应链包括计划、采购、制造、交付和回收五个基本流程。采用先进技术，实现低碳供应链。在运输、储存、包装、装卸和流通加工等物流活动中，采用先进的物流技术和物流设施，最大限度地降低对环境的污染，提高资源的利用率。运用现代信息技术对物流过程中产生的全部或部分信息进行采集、分类、传递、汇总和分析，实现对供应链管理信息的辅助控制功能、工作协调功能和支持决策，以实现对货物流动过程的控制，从而降低成本、提高效益。

低碳供应链是将低碳、环境保护思想融入物流和供应链环节，形成从原材料采购到产业设计、制造、交付和生命周期支持的完整的绿色供应链体系。绿色理念贯穿了从供应链计划环节开始，从供应商到内向物流、生产过程的物料处理、交付和客户服务的产品生命周期的整个供应链过程，是企业降低资源消耗和能源消耗、减少污染、提高竞争优势的有效途径。

## 11.1 冷链物流的低碳节能问题

近年来，我国政府和企业大力发展冷链物流。目前，发达国家的冷链物流起步较早，技术比较成熟。美国、加拿大、日本等发达国家的蔬菜水果冷链的流通率达95%以上，肉禽冷链的流通率达到100%。相比之下，我国农产品冷链物流尚处于起步阶段。我国生鲜农产品通过冷链流通的比例偏低，果蔬、水产品、肉类冷链的流通率分别为5%、23%、15%，冷藏运输率分别为15%、40%、30%。很多问题亟待解决。

为了保证农产品等产品的品质，就要采用冷链物流，使用以保持低温环境为核心要求的供应链系统。生鲜农产品具有一定的生命属性，其采收后的呼吸作用、蒸腾作用或微生物及酶的作用易导致品质下降甚至腐烂变质。研究和实践表明，适当低温环境可以抑制一般的腐败菌和病原菌的发育，抑制生鲜农产品的呼吸作用和蒸腾作用，减少营养成分的消耗和水分的蒸发，延缓衰老变质过程，有效延长生鲜农产品的保质期。对于肉、禽、水产、蔬菜、水果、蛋等生鲜农产品，从产地采收(或屠宰、捕捞)之后在生产加工、贮藏、运输、销售，直到转入消费者手中，需要将其始终保持在应有的温度条件下，以最大限度地保证产品品质和质量安全，减少损耗、防止污染。"从田间到餐桌"全程采用低温加工、低温运输、低温装卸、低温存储和低温销售等措施。

冷链物流是以食品冷冻工艺学为基础，以制冷技术为手段，需要特殊的运输工具，从生产到消费的过程中始终处于低温状态的物流网络。冷链物流的配送过程、时间和运输形态都需要精心组织。农产品冷链物流流程如图11.1所示。

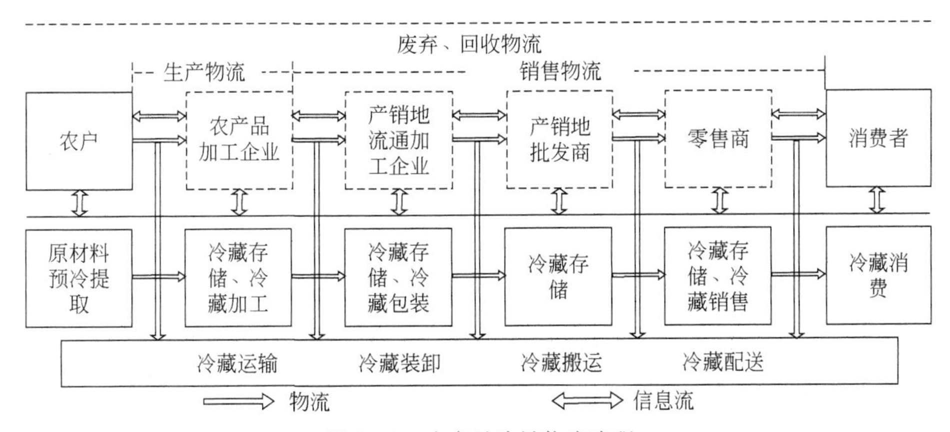


图11.1　农产品冷链物流流程

由于生鲜农产品冷链物流以保持低温环境为核心要求，因此冷链中贮藏时间、流通时间、温度和产品耐藏性比常温物流系统的作业要求更高、更复杂。农产品冷链物流除具有传统的动态性、交叉性、复杂性、面向用户需求等基本特点外，还具有与传统农产品物流(常温物流)不同的独有特征，具体表现如下[117]。

(1)相比传统物流，农产品冷链物流对设备的要求更高。其需要特殊的预冷站、冷藏库、冷藏车、冷柜、冷箱等冷冻、冷藏及空调系统和保冷隔热相关设施，以保证农产品在整个供应链过程中始终保持在规定的低温温度状态。

(2)相比传统物流,农产品冷链物流对技术的要求更高。农产品冷链物流专业性强、技术难度大。由于生鲜农产品的含水量高,保鲜期短,极易腐烂变质,因此在仓储、包装、运输等环节对技术的要求很高。生鲜农产品物流中使用的技术主要有信息技术(二维码IC卡电子标签、数字加密、数字水印、识别技术、虚拟托盘、虚拟仓储等)、冷藏运输技术(空调系统等)、仓储保鲜技术(微波保鲜、薄膜保鲜、加压保鲜技术等),以及地理信息系统(geographic information system,GIS)、全球卫星定位系统(global positioning system, GPS)、电子数据交换(electronic data interchange,EDI)技术。

(3)相比传统物流,农产品冷链物流有更高的管理和组织要求。农产品冷链物流要求在物流各个节点和运输途中有严格不间断的温度、湿度监控和质量控制;冷链中冷藏设备的数量协调,设备的质量标准一致,并且要求快速的作业组织。为了保证冷链协调、有序、高效运转,加工部门、经营者、运输部门以及销售部门的加工过程、货源组织、冷藏运输设备、库存等都应该做到快速组织并协调配合。

由于冷链物流的这些独特性,冷链物流每年有着巨大的耗电量。

在国外,冷链物流企业在储藏技术装备、运输技术与运输装备、信息技术等冷链物流关键环节进行科技创新。

(1)在储藏技术装备方面,积极采用自动化冷库技术,包括贮藏技术自动化以及冷藏库房管理系统,要求其贮藏保鲜期比普通冷藏时间要长。气调贮藏得到广泛应用,是当代最先进的果品贮藏技术。英国、法国、意大利、荷兰、瑞士、德国等国家都在大力发展气调技术。

(2)在运输技术与运输装备方面,冷藏运输技术已发展到冷藏集装箱多式联运。这种方式快捷灵活,装卸环节少,减少了装运中的损耗,可进行"门到门"的服务。欧洲于20世纪70年代开始实行冷集箱与铁路冷藏车的配套使用,克服了铁路运输不能进行"门到门"服务的缺点,大大提高了铁路冷藏运输的质量。在运输装配方面,加拿大最大的第三方物流企业Thomson Group除具有容量大、自动化程度高的冷藏设施外,还拥有目前世界上最先进的强制供电器驱动、自动控温与记录、卫星监控的"三段式"冷藏运输车,可同时运送三种不同温度要求的货物。冷藏运输将朝着多品种、小批量和标准化的方向发展。在低碳环保视域下,节能和注重环保将是冷藏车技术发展的主要方向。

(3)在信息技术方面,必须依靠先进的信息技术对冷链物流实施全程温度控制管理。建立农产品冷链物流电子虚拟的供应链管理系统,对生鲜农产品的运输进行跟踪、对冷藏车的使用进行动态监控,保证冷链物流的运作质量。

由于受到各方面原因的影响和自身条件的制约,我国冷链物流行业存在以下问题。

(1)缺乏完整的物流体系。

冷链物流比常温物流系统的作业要求更高、更复杂。运输易腐货物不同于普通货物，想要完整、有效地运作冷藏物流，必须严格控制温度，在储藏技术装备、运输技术与运输装备、信息技术等方面严格要求，确保农产品的保鲜质量，取得经济效益。但是我国农产品并没有形成完整的物流体系。我国农业产业化程度和产供销一体化水平不高。进入21世纪后，在我国经济较为发达或者农产品资源生产地，已初步建立了冷链物流体系，并且发展迅速。很多地区(如北京、上海、广州、深圳等地)的冷链物流体系逐步走向标准化、规模化和专业化。

(2)我国冷链物流的技术指标尚不完善。

发达国家普遍具有完善的法律法规体系去推行相应的管理办法，用于建设规范的冷供应链物流市场。但是我国的操作规范和操作办法正处于起步推广阶段。我国的冷链物流操作规范和法规也都不尽完善。我国庞大的市场需求与零售业的发达，要求对生鲜产品执行严格的物流供应标准。农产品冷链物流要求在各个环节都要保证产品处于规定的温度状态，每一个环节的疏忽都可能影响整个物流体系的良好衔接。对不同品种和不同品质的生鲜农产品均要求有相应的产品控制与储存时间的技术经济指标，然而，我国冷链物流的技术指标尚不完善。这样会造成一些商家有机可乘，从而可能导致在低温状态下进行运输的农产品的质量难以保证，产生食品安全问题。我国的冷链物流还存在一系列问题，如冷链物流配送环节过多，这导致食品流通时间过长；由于销售终端冷冻冷藏设备不能满足各温度带食品的温度要求，不同类型的生鲜食品集中销售易于交叉感染等，因此难以实现农产品在整个供应链物流网络中保持低温状态的要求。

(3)我国冷链物流的基础设施建设不足。

我国的冷链物流布局不合理，在农贸市场、区域性农产品交易中心以及大型菜货市场等关键性的物流节点上，低温物流配送中心的功能设置不健全，缺少相关的冷冻冷藏设备(如冷柜或冷储集装箱等)。农产品贸易批发交易质量不高。

我国的冷藏库数量较少，布局也不合理。与其他农产品大国相比，物流体系所需的中低温库、冷藏库不足，立体仓库短缺。沿海经济发达地区的商品库存量大，冷库也较为匮乏，冷藏库容量偏小；而内地经济欠发达地区，商品库存量小，冷藏库利用率低。

设备不足或陈旧，冷链物流技术缺乏和应用不到位等问题使农产品从起始点到消费点的冷藏流动储存效率和效益无法得到控制和整合，难以形成完整的有机系统。

目前农产品物流以常温物流或自然物流形式为主，既缺乏高效、实用、节能、安全的果蔬保鲜技术和装置，更缺乏产地预冷装置和冷藏运输设备，无法为冷冻保鲜食品提供全程保温保障。

(4)冷藏运输仍是薄弱环节。

在我国进行配送的市场中，机械制冷运输车辆远远无法满足经济增长的需求，冷柜承运车辆的数量也非常少。冷藏车数量有限，冷藏的温控车量仅占总货运车量数目的0.2%左右。在目前，短途运输大多在没有保温措施的情况下进行，对冷冻(速冻)食品的品质有较大的影响；而长途运输，虽然采取了保温机械制冷车辆，但厢体温度也难达到保质要求。这大大限制了农产品的运输半径和交易时间，采后损失达农产品生产总量的20%～30%，直接影响了农产品加工与流通的经济效益。

适应我国生鲜农产品产量和流通量逐年增加、全社会对生鲜农产品安全和品质不断提高的要求，2010年国家发展改革委颁布的《农产品冷链物流发展规划》(简称《规划》)指出，要初步建立冷链物流技术体系，制定推广冷链物流规范和标准，加快冷链物流基础设施建设，培育一批冷链物流企业，形成设施先进、管理规范、网络健全、全程可控的一体化冷链物流服务体系。

根据《规划》，要提高我国果蔬、肉类、水产品的冷链流通率、冷藏运输率，降低流通环节的产品腐损率。

《规划》还提出了重点工程的建设，这些工程将是农产品冷链物流鼓励的重点投资领域。其中包括鼓励企业在技术改造和充分利用现有低温储藏设施的基础上，加快建设一批设施先进、节能环保、高效适用的冷藏库，满足全社会对储藏设施的急需。推动全社会通过改造、扩建和新建，增加冷藏库库容。

根据《规划》，相关部门还将重点建设冷链运输车辆及制冷设备工程，以及冷链物流全程监控与追溯系统工程。鼓励大型冷链物流企业购置冷藏运输车辆，提高我国生鲜农产品的冷链运输率；鼓励肉类和水产品加工、流通和销售企业购置冷链设施设备，提高冷链处理能力，逐步减少断链现象的发生，并建设全程温控和可追溯系统。

根据《规划》，将逐步形成健全的农产品冷链物流服务体系。

## 11.2　冷链物流的设备与技术

目前，我国已有冷藏容量仅占货物需求的20%～30%。我国的冷链物流市场正面临着快速发展的历史机遇和挑战。为了适应市场经济发展的需要，我国加大了企业的技术改造步伐和企业改革力度。

从整个食品冷藏链来看，冷链已初具规模。我国冰箱制造行业大规模引进技术和设备，生产能力位于世界前列。在城市家庭中，冰箱的普及率已达较高水平。商业用冷藏设备也逐步完善。近几年，冷藏运输销售环节商用冷藏设施也达到了一定的规模。随着我国经济的发展，冷饮、蔬菜、水果、肉制品、鲜花、医药等产品的冷链运输已经渗透到社会及居民的生活中。

冷链物流要求在各个环节都要保证产品处于规定的温度状态，每一个环节的疏忽都可能影响整个物流体系的良好衔接。因此，生鲜农产品的流通需要建设生鲜农产品配送中心和冷链系统。

1. 冷藏库

冷藏库是冷藏链的一个关键环节设施。世界各地的冷藏库行业在继续快速增长。随着世界各地更多地依靠冷链来满足不断增长的易腐产品的贸易和消费，增加冷藏容量成为全球的趋势。冷藏库是生产经营的重要基础设施。与改革开放初期相比，冷藏库总容量增加了近2倍。我国大型的冷藏库每座容量为0.5万t以上，小的为100t左右。按储运货物种类可分为冷冻库、冷藏库、保鲜库等。

冷藏库按制冷能力可分为低温库和高温库。可在－18℃左右长期运行的冷藏库称为低温库，制冷温度达到－30℃以下则称为速冻库，以排管制冷。低温库主要应用于医药及高档食品，如肉类、海鲜、野生菌类等产品的冷藏使用。制冷温度在－4℃以上的冷藏库称为高温库，以冷风机组制冷。高温库普遍用来储藏蔬菜、水果，在农业上的应用最广泛。目前，美国、日本、德国、英国、意大利、中国等国家的冷藏库总量位居世界前列。虽然我国冷藏库数量较多，但与世界先进国家相比，还有很大的差距。

用冷藏库对水果、蔬菜进行保鲜储存，在国外比较普遍（如法国），在水果收购时就使用水果收购站冷藏库，水果收购站冷藏库占冷藏库总量的1/2左右。在水果站冷藏库中，有50％的气调库；美国、日本的冷藏库和先进的气调库也比较多。我国商业部门投入了大量资金，在各大中等城市的蔬菜、果品公司先后兴建和改建了一大批贮藏果蔬的高温库，对果蔬进行冷藏。

现代的冷藏库不仅起到低温仓库的作用，还是物流现代化的基础。随着流通体制的改革，冷藏库的储存方式也发生了变化，由原来的大批量、少品种、多存量、存期长向小批量、多品种、少存量、多流通的形式发展。

冷藏链是一个低温条件下的物流系统。现代化的冷藏链依靠现代化的冷藏库。在现代冷藏库建设中，重点提高在流通领域物流技术的应用水平，从贮藏型向物流型转变，从冷冻冷藏型向低温物流型转变。要发展农产品冷链物流，基础设施建设就要采用先进的技术。政府安全生产和质量监督等管理部门对冷藏库的监管力度大大加强，自动化控制程度逐步提高。

微型节能冷库是针对目前产地农业生产的主要经营管理模式、农村家庭经济与技术水平研究开发的一种操作简单、性能可靠、效果良好的贮藏设施，是适合农户建造使用的微型冷库。微型节能冷库按设施类型分为通风库、土窑洞、简易节能冷库（相当于在改良通风库的基础上，加强库体保温性能，增设一定容量的制冷机）、装配式冷库和夹套式冷库；按贮藏量分为大型库（大于 10000t）、中型库（2001～10000t）、小型库（1001～2000t）和微型冷库（小于 1000t）；按建设方式又可分为土建式和装配式两大类。

2. 制冷设备

我国制造的制冷设备基本上能够满足国民经济各部门和市场用户的需求。活塞式、螺杆式制冷压缩机，大型溴化锂吸引式制冷机等主要产品已达到国际先进水平，已向世界其他国家出口制冷设备产品。20 世纪 80 年代以前设计的冷藏库、换热器与冷凝器以立式、卧式水冷式为主；对于库房内的蒸发器，低温库采用排管，高温库采用冷风机。由于食品结构改革，冷冻食品增加，低温房的蒸发器逐步采用了低风速、小温差的冷风机。根据水源情况，高效蒸发式冷凝器也在逐步推广之中。

冷冻冷藏压缩机可以分为小型冷冻冷藏压缩机和大中型冷冻冷藏压缩机，其中小型冷冻冷藏压缩机主要应用在冷柜（往复式和回转式结构为主，变频技术是未来发展方向）和冷藏车（车载型螺杆式压缩机是方向）领域；大中型冷冻冷藏压缩机主要应用在铁路冷藏车、冷藏船只、冷藏集装箱和冷库中（以往复式、螺杆式为主）。螺杆式压缩机具有长期适合 24h 运转的特性，应用于低温系统的技术不断进步使其性能与效率大幅提升，在欧美等发达国家和地区的低温冷冻冷藏系统中，螺杆式压缩机开始逐步取代传统的活塞式机型成为标准配置。

冷藏库制冷系统自动化程度逐步提高，如机器的安全保护、库温遥测等已普遍应用，不少冷藏库在热负荷与压缩机匹配和库房货物的管理信息化方面扩大了应用。

3. 冷藏运输设备

我国的冷藏运输长期以来以铁路冷藏运输为主。据统计，铁路部门现有加冰冷藏车 3500 余辆，机械冷藏车 1800 余辆，这些车辆担负着我国近 20%的易腐食品的运输任务。公路冷藏运输发展也较快，目前约有 15000 辆冷藏保温汽车，其中机械冷藏汽车占15%左右，主要担负着大城市内、靠近城市的生产基地到市场的运输任务，以短途运输为主。水上冷藏运输能力较小，现有各种类型的冷藏运输船近200艘，总容量为10万t左右，多为内河或沿海的短途运输。冷藏集装箱在易腐食品运输方面有较大的优越性，但由于造价高，普及使用受到一定的限制。

货运站冷链按工作形态主要分为集装箱冷库、散货冷库和小型专用冷藏箱等。

农产品冷链物流因其独有的特性，为保证在配送、仓储环节能够保障生鲜活农产品的质量，减少产品的损耗，需完善配送仓储基础设施。对田间的农产品进行产地加工、包装时，要实行能够延长农产品保鲜期的预冷技术，以快速地消除"田间热"。由于在初级加工阶段，大量的农产品需要在低温冷藏库中进行，因此要加快低温自动化冷藏库的建设。在运输大批量的生鲜活农产品时，要采用冷藏集装箱的多式联运，提高农产品的物流效率。冷藏运输设备在减少农产品的损耗、节约资源、保护环境方面发挥了巨大的作用。

#### 4. 商业用冷藏设施

商业用冷藏设施主要是指商业零售环节中的冷藏设施。对温度敏感性较高的产品，零售商尤其是知名的大型零售商一半都采用冷藏设备储藏并销售。各种用途、形式和温度要求的冷藏柜应用在商品销售环节。在超市零售行业，从奶制品到肉制品，从冷冻食品到即食熟食，都被安放在一系列的冷藏展示柜中，维持易腐产品的温度。在20世纪90年代初，我国先后引进日本、美国的技术，使商用冷藏柜生产了相当大的数量和规模，产品的品种、形式也逐步适应了实际销售环节的需要，为完善食品冷藏链起到了较大作用。

#### 5. 冷链物流技术

冷链物流是以食品加工技术和制冷技术为基础发展起来的。为了保证全程保鲜，需要低温加工、低温贮藏、低温运输及配送、低温销售，整个流通过程始终保持在低温环境。因此，冷链物流需要一系列技术，包括制冷工艺和技术、包装技术、保鲜技术、温度监控技术、冷藏运输技术、冷冻冷藏质量监控、车间环境温度和洁净度控制等。

食品企业和冷链物流企业已经在着力引进发达国家普遍采用的减压保鲜、臭氧气调保鲜、辐照保鲜、高温处理保鲜、涂膜保鲜等保鲜技术和湿冷预冷技术、真空预冷技术等先进的现代贮藏保鲜技术。由于以保持低温环境为核心要求的供应链系统比一般常温物流系统的要求更高、更复杂，建设投资也要大很多，而且易腐食品的时效性要求冷链各环节具有更高的组织协调性，因此农产品冷链的运作不是一件简单的事情。先进的冷链物流企业正在引进、推广自动化冷库技术和库房管理系统、真空预冷技术、无损检测与商品化处理技术、运输车温度自动控制技术等，提高技改能力和技术更新能力，确保冷链物流的技术支撑。

目前，发达国家已广泛应用传感器、无线射频识别(radio frequency identification，RFID)、全球定位系统/谷歌移动服务(GPS/GMS)等物联网技术进行全程温控和综合管理，我国也在广泛应用这些技术。在节能环保的冷却冷冻设备、自动化分拣、加工包装设备和多温控冷藏车等冷链物流装备的研发方面，我国尚处于起步阶段。

## 11.3　低碳供应链中的温控技术

先进的冷链物流企业用低温技术和温度监控技术为农产品保鲜，综合应用现代管理方法、现代信息技术、物流技术、节能和温度监控技术，为客户提供统一、安全、高效和快捷的服务。如果采摘农产品后，没有及时应用低温包装、保鲜技术和温度监控技术，就会导致低温食品暂存区的存储作业设备不符合标准，食品质量下降；销售终端冷冻冷藏设备若不能满足各温度带食品的温度要求，不同类型的生鲜食品集中销售就会容易发生交叉感染。如果鲜活农产品冷藏运输技术落后，就会导致鲜活农产品的腐变、串味，无法有效保证鲜活农产品在运输中的质量。流通过程中，温度、湿度、细菌等因素若不能得到良好的控制，食品腐蚀程度就会变高。

冷藏场所及装置是农产品贮藏保鲜最关键的设施，在冷藏设施的运用上最关键的是对温度的控制。

冷藏库数字化与智能化控制也要依赖温度控制。建设冷藏库数字化、智能化的监控系统还要使用传感器技术、温信控制技术、通信技术和计算机技术。冷藏库数字化、智能化的监控系统由温度探头采集部分、数据处理部分和执行电控部分组成。通过通信协议实现对冷藏库的远程设置和集中管理，其中，控制部分的参数设置有压缩机参数、除霜控制参数、管理参数、显示管理参数和基本配置参数。每个子库内的温度探头放置在每个库体的近冷风机回气侧、近冷风机出气侧和冷风机最远点及果箱内，以此来感应库内温度并实现对整个冷藏库温度的多点巡检。温度巡检监控系统由温度传感器、控制器局域网络(controller area network，CAN)转换器和温度中央集中管理系统组成[118]。

用于冷冻和保温的卡车、拖车等运输制冷系统能够将温度维持在－30～20℃，这是最基本的要求。安装空调的大型机组主要用于长途运输，而卡车机组一般用于商店与市场间的配送。值得注意的是，冷藏车的机组并不是降低产品的温度，而是保持适当的温度。产品在装入卡车前已经冷却到适宜的温度时的效率才是最高的。长途运输(如来自新西兰的羊肉或奶制品、来自中美洲的异国食品)的运输过程一般都需要2～3个星期,因此要求用于长途运输的系统能够实现严格的温度控制。

诸多物流环节仓储中的温度控制存在能耗大等问题。本书研究的温度控制方法也适用于农产品冷链物流中仓储的温度控制问题,目标是减少温度控制的能耗,达到节能环保[119]。

1. 保鲜环节的温度控制

在果蔬保鲜技术方面,控制温度是最根本的关键技术。很多学者研究鲜活农产品物流温控技术,包括保鲜环境信息采集技术、保鲜环境信息分析处理系统、智能模糊节能控制技术的工程应用等。

(1)保鲜环境信息采集技术。利用有线和无线两种形式进行环境采集传感器、视频信息采集器的开发,对环境信息(环境温度、湿度,氧气浓度,二氧化碳浓度,挥发性气体浓度等)进行实时采集,并通过有线和无线的方式进行传输。

(2)保鲜环境信息分析处理系统。针对保鲜的实际需求,构建相关的环境信息分析处理系统。根据农产品的特性规律及环境条件,建立环境数据的存储、处理与分析系统,用于对采集的保鲜环境温湿度、氧气浓度、二氧化碳浓度等的数字化控制。采用网络协议的计算机分布式控制技术、智能决策管理技术和模型技术等,建立农产品低温保鲜智能化、数字控制与管理系统,实现对保鲜的自动化、网络化、智能化精确控制和管理[120]。

(3)智能模糊节能控制技术的工程应用。中央空调系统是一个多变、复杂的系统,其控制过程要素之间存在着严重的非线性、大滞后及强耦合关系。对于这样的系统,智能模糊控制方式达到了较好的控制效果。在物流中心工程空调系统中,利用智能模糊节能控制技术,通过全面的运行参数采集和分析,对系统进行控制。设置冷冻水低流量保护、低温保护、低压差保护、高压差保护和冷却水出水高温保护,有效保障空调主机在变流量工况下的安全运行。系统采集中央空调的各种运行参量,再应用先进的模糊控制技术对这些相互关联、相互影响的运行参量进行动态优化控制,以满足中央空调系统非线性和时变性的要求,使空调主机始终运行在最佳工况,以保持最高的热转化效率。智能模糊节能控制技术对中央空调主机、冷冻水系统和冷却水系统等各个环节进行全面控制,在计算机平台、模糊控制器上进行集中调节和统一管理,实现中央空调全系统的整体协调运行和综合性能优化[120]。

2. 仓储环节的温度控制

在农产品消费之前，仓储是重要环节。在储存过程中，保持环境的适当低温可以有效防止农产品变质。在农产品仓储中，为了实现制冷设有空调及中央控制系统，这样可以在无人值守状态下，根据外界气候的变化，保持室内相对稳定的适宜温度，以提高农产品的保鲜度。由于大量使用空调，因此耗电量居高不下。如何降低空调耗电量，达到减少能耗、低碳环保，是一个亟待解决的问题。

低温控制需要消耗大量的能量。降低耗电量的关键是确定合理的控制温度(决策变量)。目前，农产品在物流过程中的仓储温度控制仍以人工作业为主，不能稳定、准确、快速地实现温度控制。采用智能温度控制技术是解决这一问题的关键技术。智能温度控制技术主要包括预测控制、自适应、模糊控制和神经网络技术等。将温度传感器、流量传感器及其他需要检测项目的传感器分别安装在空调系统等被监测目标的工作现场；输入模块将采集跟踪的模拟信号转变为数字信号后，实时传送给 CPU 模块或单片机；中央控制器对采集的数据进行处理，运用不确定环境下的控制软件进行不确定处理，根据随环境变化的仓储室内与室外温度、当前空调设定温度、设备发热量、时间点、用电量等变量，决策控制温度，进行输出处理，控制系统运行的相应设备，使整个系统运行在节能优化状况下。进行耗电量数据与相关环境数据的实时采集、监测及分析；针对空调系统运行能耗高的特点，对耗电量进行精确的集中控制，在实际数据的基础上，研究不确定环境下空调自动温度控制的自学习模型，可以在当前状态下，科学预测每一时段的控制温度；根据系统负荷变化进行能耗的动态分析、节能降耗度量、评价及控制；得出仓储温度控制策略；采用模糊神经网络对空调温度进行控制，建立空调自动温度控制的自学习模型，实现整个空调系统的最优化控制。本书提到的温度控制技术能够对农产品冷链物流中的仓储温度进行有效控制，达到能耗最小，以实现节能减排、低碳环保的目的。

3. 运输环节的温度控制

为了保持果蔬等鲜活农产品的运输质量，从商品生产到消费之间需要维持一定的低温。冷链保鲜运输体系的各个环节采用低温冷藏技术。

发展智能物流对于供应链运输环节资源消耗的有效减少非常重要。在广泛应用物联网技术的基础上，智能物流利用先进的信息采集、信息处理、信息流通和信息管理技术，完成包括包装、运输、装卸、仓储和配送在内的多项基本活动。整个过程中，货物从供应者向需求者移动，为供方提供最大化利润，为需方提供最佳服务，同时消耗最少的自然资源和社会资源，最大限度地保护好生态环境。

智能物流的关键技术包括收集技术、存储技术、分拣技术和冷链技术等，还包括多元化的数据采集、感知技术，以及在网络支撑下的可靠传输技术、基于海量信息资源的智能决策、安全保障及管理技术等。这些智能物流技术在物流管理的优化、预测、决策支持、建模和仿真、全球化物流管理等方面应用，使物流企业的决策更加准确和科学。例如，将智能处理技术应用于企业内部决策，通过对大量数据的分析，对客户的需求、商品库存等做出决策；将智能获取技术应用于供应链管理，实现物流过程中的主动获取信息、主动监控物流与货物、主动分析物流信息，使从源头开始就能实施物流跟踪与物流管理，实现物流信息流快于物流实物流，降低仓储成本；将物流智能传递技术应用于物流企业内部，实现数据间的交换与传递，提高物流的响应时间。

4. 物流信息技术

冷链物流系统的主要技术是温度控制，因此，冷链物流属于温度控制型物流。同时，完整的冷链物流体系还需要精确的冷链物流信息处理的及时化实现、配送流程规范及优化的实现，存取选择自动化的实现、物流管理手段智能化的实现，这些都需要依靠信息化技术。冷链信息管理系统应用 RFID 技术和 GPS 技术，数据采集系统自动读取温度数据、上传物流过程中物品的温度至温度控制平台，使客户能够随时从网络上下载与其货物相对应的记录信息数据，从而能够随时随地地追踪货物情况，控制货物温度，并进行地理位置追踪。冷链物流供应系统中温度监控主要采用的是物联网技术。

再如，在冷藏库信息控制系统中建立冷藏库无线设备监控系统，利用芯片感应器，能够远程查看冷藏库的温度、湿度、制冷状况和冷剂液压等情况；对于冷藏库本身的气体流量、机房的空气指标优劣以及有害气体的数量和压缩机的温度等问题，也可以实现远程调度监控，而不需要工作人员亲自管理冷藏库，并且同时可以远程实现冷藏库自动智能控制，远程开关或定时开关冷藏库，远程参数的设置，远程在线的调试和故障报警短信自动生成，短信查询控制等，还可以做到无人值守状态下的智能控制。

先进的物流企业还装备了运输管理系统（transportation management system，TMS），并且在物流冷藏车上配备了 GPS/GIS 跟踪系统。客户通过信息化网络平台系统实现货物的全程可视化监控，保证承运车辆在途全程制冷，确保车辆的在途温度和产品质量安全。先进的物流企业还对原有的企业资源计划（enterprise resource planning，ERP）系统进行更新升级，除了提供在运输过程中的温度控制和保鲜控制等信息,还对零售商进行跟踪检查。实现自由冷链系统与客户监控系统的对接,方便客户实时监测货物仓储状态及配送情况。

先进的物流企业还提出要集成服务打造精品物流:以网络化冷链物流基地+供应链整合优化服务+生鲜加工为支柱,为客户提供端到端的全程透明、集成的温控供应链服务。先进的冷链物流企业通过集成仓储、运输、分拣、配送、检测、信息、金融服务等功能,为客户提供冷链产品展示交易、供应链集成优化、农产品及生鲜产品加工、电子商务、供应链金融等一系列系统化、标准化的增值服务,整合资源、快速响应市场的平台,有效解决冷链产品“最后一公里”的配送问题。在低碳环保、低碳经济背景下,要实现先进物流企业的目标,研究并运用低碳供应链中的温控技术具有重要的意义。

## 11.4　冷链物流中的节能管理

今天,全球变暖越来越恶化,自然环境受到严重破坏,低碳发展已经成为企业社会责任,在生产、物流、销售、消费中体现出来。每年巨大的耗电量,使节能减耗成为在生产、物流、销售过程中创造低碳经营、建设低碳供应链的首要考虑因素。

冷链节能减耗主要体现在冷藏库空调的使用上,如节能空调。目前,冷链物流能耗大,成本高,空调设备的准确选择及日常必要的维护与管理影响了经济效益和社会效益。空调厂商海尔公司推出低碳战略,联合拥有全球顶级研发能力的 8 大供应商,包括三菱公司、霍尼韦尔公司、金龙公司、三花公司、菱电公司、松下公司、台达公司、瑞萨公司等,改进制造技术,主导组建了全球首条无氟变频空调低碳产业链。美的公司、松下公司等家电厂商也纷纷表态全面推动低碳产品的普及。欧洲销售的空调产品已经 100%无氟,日本无氟变频空调已经占到了 95%以上,而这一热潮也正在进入中国。

低碳供应链、低碳物流等先进的管理模式是减排的重要手段。运输、仓储和包装环节是创建低碳物流应重点考虑的环节,具体涉及运输工具的燃油消耗、仓储内部的温控、包装物料的节约等方面。供应链是资源的整合和集成,其是从原材料、制造商、分销商,最后到消费者,在这个链条中占用的资源越少,就越低碳。农产品流通应建立较为完整的冷链物流,实现农产品从田间到餐桌的全程温度控制。为了保证产品的品质,使其从生产到消费的过程中始终处于必需的温度条件下,从而保证其新鲜、安全,应建设产品生产及采后冷链物流保鲜项目,建设标准化的加工车间,预冷、储藏库以及购置冷藏车,形成完整的冷链物流体系,实现对产品的全程低温控制。

完善农产品冷链流通体系。为了适应农产品保鲜产业发展的新要求，实现物流保鲜全程控制，需要开展农产品生产流通基地建设，实现采前管理和采收、批发拍卖市场、加工运销、品质检测建设。开展生产流通标准与规程制定及应用研究，包括采收标准、质量等级标准、冷链流通运销保鲜技术规程研究。开展冷链流通关键技术及流通模式研究，包括产地预冷、冷藏、运销技术及冷链流通模式研究。开展物流过程品质动态检测与跟踪技术研究，包括农产品生命、品质特征识别与挖掘分析、物流动态过程品质检测、物流实时跟踪与货架寿命预测研究。开展冷链流通与营销信息化技术研究，包括识别与跟踪信息技术、采集、传输、处理技术集成。开展智能化及数字化精确控制与管理研究。开展电子批发拍卖、电子交易结算、数据库、信息网与网络交易研究。

完整的冷链应该是人、过程控制和技术设备三者的有机结合。

管理层面上，对整个供应链进行碳减排管理，构建物流公共信息平台，采用先进的信息技术，加快管理信息系统建设，采用电子商务等进行节能。

(1)对整个供应链进行碳减排管理。可以采用生命周期评估(life cycle assessment，LCA)法来管理企业运营的碳足迹[121]，制定低碳规划。对整个供应链进行碳减排管理，从原材料采集、制造到配送、零售、消费以及废物弃置等整个产品生命周期的各个阶段节能减排。例如，从零售供应链的源头，原料采集及制造过程就要开始进行碳的减排，在供应商的选择上尽可能选择可以提供低碳产品的供应商，规划合理的时间和供货线路，优化车程，优化整个供应链的减排环节，实现最大限度地减排。

(2)构建物流公共信息平台。如果要推进冷供应链市场的迅速及诚信发展，实现冷链物流的公平和谐发展，就必须首先构建物流公共信息平台。一方面，公布所有冷链物流提供商的信息，包括企业资质、信誉情况和业务情况；另一方面，从源头上控制产品的安全，为冷链有关方面提供一个准确的市场信息动态和沟通平台，从而有力地推进冷链物流的产业发展。

(3)采用先进的信息技术，加快管理信息系统建设。政府加大投入力度，让运输公司、相关的物流企业使用条码技术来获取农产品的具体信息，在网络上传递信息，使货物的信息在各环节上能够顺畅地流通，管理者能更方便、准确地掌握产品状况，有效地处理和加工生鲜活农产品。在供应链上，企业可以采用EDI系统相互沟通与交流。管理信息系统建设能够有效地减少纸质单据的成本、避免信息错误、降低库存、改善客户服务。另外，物流企业的运输车辆可以配备GPS，实现优化车辆分布、及时获知车辆的当前位置、对物流环节连续监控等功能，能及时掌控农产品在途情况，及时采取应对措施，从而降低货损成本。通过条码技术、EDI、GPS的应用,实现物流管理的现代化、标准化,实现全国的需求信息和遍布各地区的连锁经营网络的联结,确保物流信息快速可靠的传递。

(4)采用电子商务。电子商务具有在节能减排上,可以避免实体店带来的能源损耗和污染,减少零售业温室气体的排放的优势,应大力推广采用电子商务。

在技术层面上,冷链物流的节能主要依靠节能改造、系统节能和智能控制技术三种方式[122]。

1)节能改造

从局部使用变频空调、节能型冷藏设备等见效快的节能设备的更新,逐渐进入门店全局架构节能统筹改造阶段。

(1)选择合适的空调系统。大力倡导冷冻、冷藏、保鲜及鲜活库使用节能型冷藏设备、节能型空调系统(采用自动化集成控制和变频控制);对现有商用建筑进行保温、隔热及采暖、通风、空调系统等方面的能效系统设施改造,采用保温性能高的墙体隔热材料阻隔室外温度对存储内环境的影响,减少空调负荷;设交接输送系统、集装箱分解和组合系统、集装箱高架存储系统、散货高架存储系统等物流系统设施。

(2)供应链节点企业可以大规模应用全新风换气系统、冷凝水回收系统、电子膨胀阀、高效节能风机以及高效电子镇流器等节能设备,采用双向换气装置和热回收技术,同时要注意过渡季节全新风的引入和风管的保温等。要实现空调和冷冻冷藏的低能耗,可以在货运站、仓库采用新风换气机,新风和排风系统进行全热交换,回收排风部分冷热量,还可以提高空气品质,降低能耗。库区以自然通风为主、机械通风为辅的方式减少输配能耗及运行费用。在大型、超大型综合货运工程供暖通风空调设计上,应综合考虑建筑的规模、当地的气象条件、能源状况和政策、节能环保、人群的行为习惯等情况,按照安全可靠、经济节能、使用方便的设计原则,确定供暖、通风、空调方案,满足物流工艺的要求,因地制宜地采取多种措施,在满足供暖、通风、空调要求的同时,进行节能改造。

(3)落实中央空调每年清洗措施,提高空调系统的换热效率,减少电耗。

(4)充分利用自然冷源,如冬季室外的天然冷源。我国超市的能源消耗高出发达国家同类商场 2~3 倍,要通过节能技术改造,节省耗电费用。

2)系统节能

(1)可设计环境与设备综合监控系统。随着计算机技术和通信技术的不断进步,环境与设备综合监控系统已经由原来的独立系统结构演变为集成系统结构。相对于原来的独立系统结构,集成系统结构开放性好、可操作性强、系统效率高,便于空调通风系统的运行管理,有利于实现运行节能。通过控制系统风量、全年场所内温度等参数可以取得良好的节能效果[123～125]。

(2)采用先进的智能能源管理系统，设计环境与设备综合监控系统、能耗监测与管理系统。加强能耗的统计分析和成本核算，加强零售场所室内温度控制。

(3)对大型、超大型综合货运站空调系统方案进行分析归纳，优化空调方案。在大型、超大型综合货运站空调设计时，应针对物流建筑的规模、工艺要求、当地的气象条件和人群的行为习惯等，通过技术经济比较，进行空调方案的优化。

3)智能控制技术

通风、空调系统自动控制通常采用智能控制技术。

(1)全面通风系统以中央控制为主，局部通风系统以独立控制为主。货运站冷藏库具有以储运为主，储运品种、储运量和储运周期随机变化的特点。为提高冷藏库的应用率，常常要求冷藏库温度在一定范围内可根据储运品种灵活改变。在设计冷链时，应根据物流建筑冷链的规模、种类、使用功能、当地的气象条件、能源状况和政策、节能环保要求，设计制冷方式。通过技术经济比较确定制冷方案。冷藏库制冷系统配置可根据储运量选择分散式或集中式两种制冷系统[126]。

(2)局部空调系统及冷藏库采用独立控制方式，由设备自带的自动温控仪实现控制。

(3)货运站制冷机房设置双重控制模式，即以机房控制为主，中央控制为辅的方式。自控包括开停机的自动程序、通过负荷计算确定开机数量、调节运行负荷、机组轮时启动及旁通阀的启闭等环节。

(4)完善空调处理末端的控制。由控制中心自动控制货运站的空调机组、新风机组，同时可实现现场手动控制空调的启停。在空气处理机的回水管上，设置电动两通调节阀，按回风温度调节水量。在新风处理机的回水管上，设置电动两通调节阀，按送风温度调节水量。在风机盘管回水管上，设置两通电磁阀，根据室温自动控制电磁阀开关。空气处理机、新风机组过滤器均设有堵塞报警装置。对于设有较多高大宽敞大门的一般综合货运站，由于储物的搬运，其开启的大门和开启时间经常不固定，室外冷空气通过大门的冲入和渗透具有随机性，并对室内温度影响很大。要达到温度均匀性的要求，应与自控技术和间歇运行模式相结合，这样有利于保证室内温度要求，并为节能运行创造有利条件。

## 参 考 文 献

[1] 21世纪议程联合国环境与发展大会．迈向21世纪——联合国环境与发展大会文献汇编[M]．北京：中国环境科学出版社，1992.

[2] 国务院．国务院关于加强节能工作的决定(国发〔2006〕28号)[R/OL]. http://www.gov.cn/zwgk/2006-08/23/content_368136.htm[2006-08-23].

[3] 国务院．国务院批转节能减排统计监测及考核实施方案和办法的通知(国发〔2007〕36号)[R/OL]. http://www.gov.cn/zwgk/2007-11/23/content_813617.htm[2007-11-23].

[4] 国务院．节能减排"十二五"规划(国发〔2012〕40号)[R/OL]. http://www.gov.cn/zwgk/2012-08/21/content_2207867.htm[2012-08-21].

[5] Soytas U, Sari R, Ewing B T. Energy consumption, income, and carbon emissions in the United States[J]. Ecological Economics, 2007, (62): 482-489.

[6] Kinzig A P, Kammen D M. National trajectories of carbon emissions: Analysis of proposals to foster the transition to low-carbon economies[J]. Global Environmental Change, 1998, (8): 183-208.

[7] Treffers D J, Faai J, Spakman J, et al. Exploring the possibilities for setting up sustainable energy systems for the long term: Two visions for the Dutch energy system in 2050[J]. Energy Policy, 2005, (33): 1723-1743.

[8] Stern N. Stern Review on the Economics of Climate Change[M]. Cambridge: Cambridge University Press, 2006.

[9] Koji S, Yoshitaka T, Kei G, et al. Developing a long-term local society design methodology towards a low-carbon economy: An application to Shiga Prefecture in Japan[J]. Energy Policy, 2007, (35): 4688-4703.

[10] Goulder H, Schneider S. Induced technological change and the attractiveness of $CO_2$ abatement policies[J]. Resource and Energy Economics, 1999, (21): 211-253.

[11] The Global Energy Technology Strategy Program. Global energy technology strategy: Addressing climate change[R/OL]. http://www.pnl.gov/gtsp[2007-11-08].

[12]《气候变化国家评估报告》编写委员会．气候变化国家评估报告[R]．北京：科学出版社，2007.

[13] 徐国泉，刘则渊，姜照华．中国碳排放的因素分解模型及实证分析：1995—2004[J]．中国人口·资源与环境，2006，(6)：158-161.

[14] 庄贵阳．中国经济低碳发展的途径与潜力分析[J]．国际技术经济研究，2005，8(3)：8-12.

[15] 王铮，蒋铁红，吴静，等．技术进步作用下中国 $CO_2$ 减排的可能性[J]．生态学报，2006，(2)：423-431.

[16] 邢继俊，赵刚．中国要大力发展低碳经济[J]．中国科技论坛，2007，(10)：87-92.

[17] 胡初枝，黄贤金，钟太洋，等．中国碳排放特征及其动态演进分析[J]．中国人口·资源与环

境,2008,(3): 38-42.

[18] 林伯强,蒋竺均. 中国二氧化碳的环境库兹涅茨曲线预测及影响因素分析[J]. 管理世界,2009,(4): 27-36.

[19] 李友华,王虹. 中国低碳经济发展对策研究[J]. 哈尔滨商业大学学报(社会科学版),2009,(6):3-6.

[20] 朱永彬,王铮,庞丽,等. 基于经济模拟的中国能源消费与碳排放高峰预测[J]. 地理学报,2009,(8):935-944.

[21] 孙建卫,赵荣钦,黄贤金,等. 1995—2005年中国碳排放核算及其因素分解研究[J]. 自然资源学报,2010,(8):1284-1295.

[22] 郑有飞,李海涛,吴荣军,等. 技术进步对中国 $CO_2$ 减排的影响[J]. 科学通报,2010,(16):1555-1564.

[23] 蒋轶红,王铮. 技术进步与二氧化碳减排[J]. 科学对社会的影响,2003,(1):25-28.

[24] 邝生鲁. 构建新型二氧化碳减排技术体系[J]. 现代化工,2008,(2): 3-14.

[25] 朱川,姜英,武琳琳. $CO_2$ 减排、处理技术的量化讨论与分类评价[J]. 中外能源,2010,(3):19-23.

[26] 鲍健强,苗阳,陈锋. 低碳经济: 人类经济发展方式的新变革[J]. 中国工业经济,2008,(4): 153-160.

[27] 张坤民. 低碳世界中的中国: 地位、挑战和战略[J]. 中国人口·资源与环境,2008,(3):157-161.

[28] Guan J F,Liang G. Fuzzy logic control for semi-active suspension system of tracked vehicle [J]. Journal of Beijing Institute of Technology,2004,13(2):113-117.

[29] Qi C Y,Di H S. Application of fuzzy logic controller to level control of twin-roll strip casting [J]. Journal of Iron and Steel Research,2003,10(4):28-32.

[30] 孙建平,梅华,杨振勇. 应用模糊预测控制实现主气温控制[J]. 华北电力大学学报,2003,30(2): 49-52.

[31] 王志征,徐岳峰,姚国平. 基于神经网络的过热气温模型预测控制[J]. 电力自动化设备,2004,24(2): 27-29.

[32] 金耀初,诸静,蒋静坪. 神经网络自学习模糊控制及其应用[J]. 电工技术学报,1994,19(4):35-40.

[33] 王耀南. 基于模糊神经网络的温度控制器研制[J]. 电子测量与仪器学报,1997,1(11):17-23.

[34] 国家统计局. 中华人民共和国国民经济和社会发展统计公报[EB/OL]. http://www.stats.gov/cn/tjsj/tjgb/ndtjgb/[2011-02-28].

[35] 联合国政府间气候变化专门委员会. IPCC Fifth Assessment Report[EB/OL]. http://www.ipcc.ch/report/ar5/[2014-01-11].

[36] Boulding K E. The economics of the coming spaceship earth[J]. Environmental Quality in a Growing Economy,1966,103(39):55-90.

[37] 杜伟．低碳经济与中国石油石化行业的发展[J]. 国际石油经济，2010，(1)：32-37.
[38] 张愉，陈徐梅，张跃军．低碳经济是实现科学发展观的必由之路[J]. 中国能源，2008，30(7)：21-23.
[39] Johnston D, Lowe R, Bell M. An exploration of the technical feasibility of achieving $CO_2$ emission reductions in excess of 80% within the UK housing stock by the year 2050[J]. Energy Policy, 2005, (33): 1643-1659.
[40] 国家发展和改革委员会．中国应对气候变化国家方案[EB/OL]. http://www.gov.cn/zwgk/2007-06/08/content_641704.htm[2007-06-08].
[41] 付允，汪云林，李丁．低碳城市的发展路径研究[J]. 科学对社会的影响，2008，(2)：5-10.
[42] 束洪福．建设生态文明转变发展方式[J]. 科学社会主义，2010，(3)：22-24.
[43] 江苏省财政厅．环保节约优先推进节能减排[J]. 中国财政，2008，1：39-41.
[44] 罗克喜．系统工程理论在节能降耗中的实践[J]. 冶金动力，2005，(2)：80-82.
[45] 张萍．"两型社会"建设与发展低碳经济[J]. 新湘评论，2010，(3)：11.
[46] 刘宝碇，赵瑞清，王纲．不确定规划及应用[M]. 北京：清华大学出版社，2003.
[47] 王梓坤．概率论基础及其应用[M]. 北京：科学出版社，1976.
[48] 钟开莱．概率论教程[M]. 刘文，吴让泉，译．上海：上海科学技术出版社，1989.
[49] Kaufmann A. Introduction to the Theory of Fuzzy Subsets[M]. New York: Academic Press, 1975.
[50] Zadeh L A. Fuzzy sets as a basis for a theory of possibility[J]. Fuzzy Sets and Systems, 1978, 1(1): 3-28.
[51] Liu B. Uncertainty Theory: An Introduction to Its Axiomatic Foundations[M]. Berlin: Springer-Verlag, 2004.
[52] Nahmias S. Fuzzy variables[J]. Fuzzy Sets and Systems, 1978, 1(2): 97-110.
[53] Liu B. Uncertain Programming[M]. New York: Wiley, 1999.
[54] Liu B. Theory and Practice of Uncertain Programming[M]. Heidelberg: Physica-Verlag, 2002.
[55] Liu Y K, Liu B. Expected value operator of random fuzzy variable and random fuzzy expected value models[J]. International Journal of Uncertainty, Fuzziness & Knowledge-Based Systems, 2003, 11(2): 195-215.
[56] Liu Y K, Liu B. Fuzzy random variables: A scalar expected value operator[J]. Fuzzy Optimization and Decision Making, 2003, 2(2): 143-160.
[57] Liu Y K, Liu B. A class of fuzzy random optimization: Expected value models[J]. Information Sciences, 2003, 155(1-2): 89-102.
[58] Liu B, Liu Y. Expected value of fuzzy variables and fuzzy expected value models[J]. IEEE Transactions Fuzzy Systems, 2002, 10(4): 445-450.
[59] 姜长生，王从庆，魏海坤，等．智能控制与应用[M]. 北京：北京理工大学出版社，2001.
[60] Cybenko G. Approximation by superposition of a sigmoidal function[J]. Mathematics of Control, Signals and Systems, 1989, 2: 183-192.

[61] Hornik K, Stinchcombe M, White H. Multilayer feedforward networks are universal approximators[J]. Neural Networks, 1989, 2: 359-366.
[62] Goldberg D. Genetic Algorithm in Search, Optimization and Machine Learning[M]. New Jersey: Addison-Wesley Publishing, 1989.
[63] 周明,孙树栋. 遗传算法原理及应用[M]. 北京:国防工业出版社,1999.
[64] Booker L B, Goldberg D E, Holland J H. Classifier systems and genetic algorithms[J]. Artificial Intelligence, 1989, 40: 235-282.
[65] 唐立新,杨自厚,王梦光,等. CIMS中带多资源的CLSP问题的遗传启发式算法[J]. 系统工程理论与实践,1997,17: 39-41.
[66] 宫赤坤,毛罕平. 温室夏季温湿度遗传模糊神经网络控制[J]. 农业工程学报,2000,16(4): 106-109.
[67] Deng J L. Control problems of grey systems[J]. Systems & Control Letters, 1982, 1(5): 288-294.
[68] 邓聚龙. 灰色控制系统[M]. 武汉:华中理工大学出版社,1993.
[69] 闫嘉钰,杨建国. 灰色GM($X$,$N$)模型在数控机床热误差建模中的应用[J]. 中国机械工程,2009,20(11):1297-1300.
[70] 李宏俊,黄鑫,卢开砚. 以单片机为核心的温室智能控制系统[J]. 电子元器件应用,2007, 5: 20-23.
[71] 李俊婷,石文兰,高楠. 参数自整定模糊PID在温度控制中的应用[J]. 无线电工程,2007, (7): 47-50.
[72] 欧晓英,杨胜强,于宝海,等. 矿井热环境评价及其应用[J]. 中国矿业大学学报,2005,5: 323-326.
[73] Li L, Yu L N. Research on the evaluation index of communication base station's thermal environment[J]. Applied Mechanics and Materials, 2014, 577: 952-956.
[74] 闫家杰. 确定多因素权重分配的AHP方法[J]. 郑州工学院学报,1994,15(1): 102-107.
[75] 许树柏. 层次分析法原理[M]. 天津:天津出版社,1998.
[76] 连之伟,冯海燕. 空调房间热环境模糊综合评判[J]. 暖通空调,2001,31(5): 15-18.
[77] 李丽. 通信机房自适应控制空调系统的节能降耗温度控制方法[J]. 物流技术,2013, 32(5):323-325.
[78] 魏三强. 基于新风系统的通信机房节能降耗技术研究[J]. 中原工学院学报,2011,22(2): 40-42.
[79] 叶江平. 基站智能空调通风管路系统的设计和实践[J]. 电信技术,2008,(8):35,36.
[80] 邓晨冕,秦红. 通信机房空调系统节能技术[J]. 广东工业大学学报,2009,26(4):45-49,53.
[81] 胡汉辉,谭青. 移动基站智能通风系统的设计[J]. 机电工程,2010,27(7):18-20,60.
[82] 张化光,孟祥萍. 智能控制基础理论及应用[M]. 北京:机械工业出版社,2005.
[83] 李界家,瞿睿. 变风量空调系统优化控制策略研究[J]. 控制工程,2012,19(5):790-794.

[84] Thompson R, Dexter A. A fuzzy decision-making approach to temperature control in air-conditioning systems[J]. Control Engineering Practice, 2005, 13: 689-698.

[85] 王瑛,赵志钊. 基于模糊神经网络的变风量空调末端控制方法[J]. 科学技术与工程,2009,9(22):6723-6726.

[86] 罗祥远,李丽. 一种温度控制系统的模糊神经网络控制方法研究[J]. 德州学院学报,2015,31(2):57-62.

[87] 张德丰. MATLAB神经网络应用设计[M]. 北京:机械工业出版社,2009.

[88] 周国雄,吴敏. 基于改进的灰色预测的模糊神经网络控制[J]. 系统仿真学报,2010,22(10):2333-2336.

[89] 蔡兵. 智能孵化控制系统的设计与实现[J]. 电子科技大学学报,2004,33(2):188-191.

[90] 苏涛,姚凯学. 基于Fuzzy-PI双模控制的控制系统[J]. 控制工程,2005,12(7):145-148.

[91] 周国雄,吴敏,曹卫华,等. 焦炉集气管压力的变结构模糊控制研究[J]. 信息与控制,2007,36(6):732-738.

[92] 邱微,李崧,赵庆良,等. 黑龙江省森林覆盖率的灰色评价和模型预测[J]. 哈尔滨工业大学学报,2007,39(10):1649-1651.

[93] 王天,周黎辉,韩璞,等. 基于灰色广义预测控制的网络化控制系统丢包补偿[J]. 信息与控制,2007,36(3):322-327.

[94] Chen C S. Design of stable fuzzy control systems using Lyapunov's method in fuzzy hypercube[J]. Fuzzy Sets and Systems, 2003, 139(1): 95-110.

[95] 秦斌,吴敏,王欣,等. 基于模糊神经网络的多变量解耦控制[J]. 小型微型计算机系统,2002,23(5):561-564.

[96] 王军平,王安,敬忠良,等. Fuzzy-Gray预测控制算法及应用[J]. 系统工程理论与实践,2011,32(4):132-135.

[97] 魏为,张明廉,支谨. 神经网络非线性预测优化控制及仿真研究[J]. 系统仿真学报,2005,17(3):697-701.

[98] 刘国光,茅宁. 气温随机模型与我国气温期权定价研究[J]. 数理统计与管理,2008,27(6):959-967.

[99] 刘国光. 天气预测与天气衍生产品定价研究[J]. 预测,2006,25(6):28-30.

[100] 李丽. 模糊随机供需变量的VMI的订货量模型[J]. 统计与决策,2011,7:58-61.

[101] Kwakernaak H. Fuzzy random variables-I: Definition and theorems[J]. Information Sciences, 1978, 15(1):1-29.

[102] Kwakernaak H. Fuzzy random variables-II: Algorithms and examples for the discrete case[J]. Information Sciences, 1979, 17(3):253-278.

[103] Puri M, Ralescu D. Fuzzy random variables[J]. Journal of Mathematical Analysis and Applications, 1986, 114(2):409-422.

[104] Kruse R, Meyer K. Statistics with Vague Data[M]. Dordrecht: D. Reidel Publishing Company, 1987.

[105] 于春云,赵希男,彭艳东,等. 模糊随机需求模式下的扩展报童模型与求解算法[J]. 系统工程,2006,24(9): 103-107.

[106] 陈利群. 线性规划在高等数学中的发展—模糊线性规划[J]. 赤峰学院学报(自然科学版),2012,(16): 6,7.

[107] 杨志辉,徐辉. 基于模糊线性规划理论的风险投资决策分析[J]. 科学技术与工程,2006,(13): 1996-1999.

[108] 高培旺. 模糊线性规划问题的一种新的单纯形算法[J]. 模糊系统与数学,2002,(03): 64-68.

[109] 黄政书. 具有模糊系数的模糊线性规划问题[J]. 应用数学,1995,(01): 96-101.

[110] 贾堰林. 带模糊数线性规划问题的算法研究[D]. 南充:西南石油大学,2014.

[111] 李晓洁,张志宏. 关于 FLP 问题一种新的单纯形算法的推广[J]. 模糊系统与数学,2011,(02): 81-84.

[112] Mielnik O, Goldemberg J. The evolution of the "Carbonization Index" in developing countries[J]. Energy Policy,1999,27:307-308.

[113] Ang B W. Is the energy intensity a less useful indicator than the carbon factor in the study of climate change [J]. Energy Policy,1999,27:943-946.

[114] 王卿,尤建新. 基于 ISO14064 标准的制造业绿色物流碳排查与碳排放 KPI 评价体系研究[C]//The 2nd International Conference on Management Science and Engineering Advances in Artificial Intelligence,Chengdu,2011.

[115] 张鉴民. 中国零售业的优劣及其生存方式[J]. 经济研究参考,2004,(47): 1,2.

[116] 张海燕. 中外零售商业的比较及营销策略[J]. 商业研究,2003,(18): 1,2.

[117] 吴敏. 我国农产品冷链物流体系建设的出路探讨[J]. 商品储运与养护,2008,30(169): 13-16.

[118] 张平,陈绍慧. 我国果蔬低温贮藏保鲜发展状况与展望[J]. 制冷与空调,2008,8(1): 5-10.

[119] 刘子政,王守顺,吕太国. 一种新型果蔬仓储温度控制系统设计[J]. 安徽农业科学,2009,37(30):14887,14888,14928.

[120] 杜强. 中央空调冷冻站节能管理系统技术经济性比较[J]. 工程建设与设计,2009,(6): 66-68.

[121] 翟金芝. 低碳经济下中国零售业发展的对策[J]. 经济与管理,2010,24(5):84-87.

[122] Oekwell D G,Watson J,Kerron G M,et al. Key policy considerations for facilitating low carbon-technology transfer to developing countries[J]. Energy Policy,2008,(36):4104-4115.

[123] Yu L G,Wu X P,Zhang C. Energy saving analysis for curtains of subway[J]. Journal of Thermal Science and Technology,2009,8(4): 343-349.

[124] Fong K F,Hanby V I,Chow T T. System optimization for HVAC energy management using the robust evolutionary algorithm[J]. Applied Thermal Engineering,2009,29(8): 2327-2334.

[125] 隋海美,陆源清. 浅谈南京地铁一号线 BAS 系统的节能效应[J]. 制冷空调与电力机械,2010,31(1):64-68.

[126] 魏民赞,林向阳,吴京龙. 大型及超大型国际机场综合货运工程供暖通风空调设计[J]. 暖通空调 HV&AC,2013,43(2):50-56.

# 附录 A 国际社会应对气候变化问题制度构建重要历程

| 年份 | 重要事件 |
| --- | --- |
| 1988 | 联合国环境规划署和世界气象组织成立联合国政府间气候变化专门委员会；联合国大会成立政府间谈判委员会。 |
| 1990 | 联合国启动气候公约谈判进程。 |
| 1992 | 《联合国气候变化框架公约》在美国纽约联合国总部通过，并在巴西里约热内卢召开的地球峰会上供各国签署。1994 年开始生效。 |
| 1995 | 在德国柏林召开《联合国气候变化框架公约》第一次缔约方会议，强化关于缔约方义务的谈判；联合国政府间气候变化专门委员会发表第二次评估报告。 |
| 1997 | 在日本京都召开《联合国气候变化框架公约》第三次缔约方会议，通过了基于量化减排为目标的《京都议定书》，为发达国家规定了具有法律约束力的减限排指标。 |
| 1997 | 日本实施了《促进新能源利用特别措施法》，在此基础上制定了《能源基本计划》。 |
| 1998 | 自 1998 年以来，德国政府先后出台了《可再生能源法》、《生物能源法规》、“10 万个太阳能屋顶计划”、《可再生能源市场化促进方案》、《家庭使用可再生能源补贴计划》等一系列有关环保和节能的法规与方案。 |
| 2001 | 联合国政府间气候变化专门委员会发表第三次评估报告。 |
| 2002 | 在印度新德里召开《联合国气候变化框架公约》第八次缔约方会议，通过了《气候变化与可持续发展德里部长级宣言》。 |
| 2003 | 英国政府发表了关于低碳经济的政府文件(白皮书)——《我们能源的未来：创建低碳经济》。 |
| 2004 | 英国颁布《能源法》。 |
| 2005 | 《京都议定书》正式生效。 |
| 2005 | 美国颁布《国家能源政策法》。 |
| 2007 | 在印度巴厘岛召开《联合国气候变化框架公约》第十三次缔约方会议，通过《巴厘路线图》；《巴厘行动计划》确认了发达国家在 2012 年后继续减排；联合国政府间气候变化专门委员会发表第四次评估报告。 |

2007　美国提出《低碳经济法案》。

2008　在英国伯明翰举办第一届国家气候变化节，发布了《气候变化战略》。

2008　日本提出了新的防止全球变暖对策——“福田蓝图”。

2009　在丹麦首都哥本哈根召开《联合国气候变化框架公约》第十五次缔约方会议暨《京都议定书》第五次缔约方会议，商讨《京都议定书》一期承诺到期后的后续方案，即 2012 年至 2020 年的全球减排协议。

2009　美国通过了《美国清洁能源安全法案》。

2010　世界气象组织公布了《2011 年全球气候状况报告》，指出最近 10 年是有记录以来全球最热的 10 年。

2013　联合国政府间气候变化专门委员会第五次评估报告更确定了变暖趋势和人类活动影响是 20 世纪中叶以来气候变暖的主要因素。

2014　在丹麦哥本哈根闭幕的联合国政府间气候变化专门委员会第四十次全会审议通过了 IPCC 第五次评估报告综合报告。

2015　联合国全球气候大会在巴黎召开。

2016　由 175 个国家正式签署《巴黎协定》。共有 92 个缔约方批准了《巴黎协定》。《巴黎协定》确定 2023 年起，每五年对全球行动总体进行一次盘点，激励各国加强各自行动，加强国际合作，实现全球应对气候变化的长期目标。同时《巴黎协定》也坚持了共同但有区别的责任，那就是发达国家应该承担更多责任来帮助发展中国家减缓和适应气候变化。

2016　《联合国气候变化框架公约》第二十二次缔约方大会在马拉喀什举行，同时还举行《京都议定书》第十二次缔约方大会和《巴黎协定》第一次缔约方大会。

# 附录B　我国节能方面的有关政策文件

| 年份 | 重要事件 |
| --- | --- |
| 1992 | 我国政府正式签署了《联合国气候变化框架公约》。 |
| 1995 | “九五”计划将降低能耗和主要污染物排放作为重要指标。 |
| 1997 | 全国人民代表大会常务委员会通过了《中华人民共和国节约能源法》。 |
| 2004 | 国务院通过了《能源中长期发展规划纲要(2004—2020)》。 |
| 2004 | 国家发展改革委发布了中国第一个《节能中长期专项规划》。 |
| 2005 | 全国人民代表大会常务委员会通过了《中华人民共和国可再生能源法》。 |
| 2005 | 国家发展改革委、科技部、外交部和财政部四部委颁布了《清洁发展机制项目运行管理办法》。 |
| 2005 | 国务院出台了《关于加快发展循环经济的若干意见》。 |
| 2005 | 《中华人民共和国国民经济和社会发展第十一个五年规划纲要》中提出,“十一五”期间单位国内生产总值能耗降低 20%左右,主要污染物排放总量减少 10%的约束性指标。 |
| 2005 | 建设部颁布了《民用建筑节能管理规定》。 |
| 2006 | 国务院发布《国务院关于加强节能工作的决定》,批准成立了“中国清洁发展机制基金”。 |
| 2006 | 科技部、中国气象局、国家发展改革委、国家环保总局等六部委联合发布了我国第一部《气候变化国家评估报告》。 |
| 2007 | 《国务院批转节能减排统计监测及考核实施方案和办法的通知》。 |
| 2007 | 国务院新闻办公室发表《中国的能源状况与政策》白皮书。 |
| 2007 | 中国政府发布《中国应对气候变化国家方案》,这不仅是中国第一部应对气候变化的综合政策性文件,也是发展中国家在该领域的第一部国家方案。 |
| 2007 | “建设生态文明”写进中国共产党的十七大报告。 |
| 2008 | 中国政府发布了中国应对气候变化的纲领性文件——《中国应对气候变化的政策与行动》白皮书,全面介绍中国减缓和适应气候变化的政策与行动。 |
| 2008 | 全国人民代表大会常务委员会通过《中华人民共和国节约能源法》、《中华人民共和国循环经济促进法》。 |
| 2009 | 国务院研究制订《关于发展低碳经济的指导意见》。出版《中国至 2050 年能 |

源科技发展路线图》。中国环境与发展国际合作委员会发布了《中国发展低碳经济的途径研究》。

2009　中国宣布到2020年单位国内生产总值二氧化碳排放比2005年下降40%～45%的行动目标，并将其作为约束性指标纳入国民经济和社会发展中长期规划。从数据上看，中国做出的减排承诺相当于同期全球减排量的约四分之一。

2010　国务院国有资产监督管理委员会公布国务院国有资产监督管理委员会令——《中央企业节能减排监督管理暂行办法》。

2010　国家发展改革委下发了《关于开展低碳省区和低碳城市试点工作的通知》，将广东省、辽宁省、湖北省、云南省、陕西省、天津市、重庆市、深圳市、厦门市、杭州市、南昌市、贵阳市、保定市列为全国首批低碳试点地区。

2011　在"十二五"规划纲要中明确了节能减排的具体目标。

2013　中国发布第一部专门针对适应气候变化方面的战略规划《国家适应气候变化战略》。

2014　中国在联合国气候峰会上宣布，从2015年开始，中国将在原有基础上把每年的"南南合作"资金支持翻一番，建立气候变化南南合作基金，并将提供600万美元支持联合国秘书长推动应对气候变化南南合作。

2014　国务院公布了《2014－2015年节能减排低碳发展行动方案》。国家发展改革委、环境保护部召开节能减排和应对气候变化工作电视电话会议，部署2014～2015年节能减排低碳发展工作。落实有关精神，对节能减排不达标的责任人严格问责。

2015　中国向联合国气候变化框架公约秘书处提交了应对气候变化国家自主贡献文件，提出了到2030年单位国内生产总值二氧化碳排放比2005年下降60%～65%等目标。这不仅是中国作为公约缔约方的规定动作，也是为实现公约目标所能做出的最大努力。

2015　中国在《中美元首气候变化联合声明》中宣布，出资200亿元人民币建立"中国气候变化南南合作基金"，用于支持其他发展中国家应对气候变化。

2015　习近平主席出席气候变化巴黎大会，在大会上各国正式达成了《巴黎协定》。

2015　习近平主席签署第31号中华人民共和国主席令，修订后的《中华人民共和国大气污染防治法》将自2016年1月1日起施行，被称为"史上最严"的大气污染防治法。

2017　国务院印发《"十三五"节能减排综合工作方案》。

2017　中国社会科学院-国家气象局气候变化经济学模拟联合实验室及社会科学文献出版社发布了第九部气候变化绿皮书——《应对气候变化报告2017：坚定推动落实〈巴黎协定〉》。

# 附录 C　基站现场照片

图 C.1　设在某单位的通信基站外观

图 C.2　设在某单位的通信基站内部

图 C.3　安装在通信基站内部的设备(1)

图 C.4　安装在通信基站内部的设备(2)

图 C.5　通信基站的空调

图 C.6　通信设备(1)

图 C.7　通信设备(2)

图 C.8　大型机房

图 C.9　大型数据机房

图 C.10　大型机房机柜

图 C. 11　大型服务器

图 C. 12　大型列间服务器

图 C.13　通信机房列间空调

图 C.14　列间空调内部结构(1)

图 C. 15　列间空调内部结构(2)

图 C. 16　空调制冷管线

图 C.17 通信机房冷通道

图 C.18 冷通道门禁系统

图 C.19　互联网数据中心(internet data center,IDC)机房一角

图 C.20　云数据机房

图 C.21　云数据机房机柜阵列

图 C.22　数据机房配电设施

图 C. 23　机房不间断电源(uninterruptible power supply,UPS)后备电池

图 C. 24　普通机房空调